개정판

부사관 역할과 리더십

정태일 편저

도서출판 진영사

부사관 역할과 리더십

정태일 편저

2021년 08월 18일 초판 인쇄
2021년 08월 23일 초판 발행
발행인 박 진 영
발행처 도서출판 진영사
인천광역시 부평구 갈산동 185번지 풍진빌딩 303호
전화 : 032)505-4207
팩스 : 032)505-4206
E-mail : 0183734207@hanmail.net
등록 : 122-91-77317

ISBN 978-89-6541-546-6 93390
값 17,000원

머 리 말

진쟁에서 승리를 쟁취하기 위해서는 전략과 전술 및 무기에 대한 깊은 지식과 아울러 조직 및 관리에 대한 기법을 하나로 통합하여 일체화 시킬 수 있는 조직관리 능력이 배양되어야 한다.

따라서 부사관은 군 조직 내에서의 척추의 기능을 수행하는 다방향 리더로서 용사들과 더불어 생활하며 지휘하고 그들을 대표하는 대변자의 역할을 하는 동시에 자기업무에 정통하기 위해서 특정분야의 전문 지식을 습득하여 『장인정신』의 전문가로서 자긍심을 가질 수 있어야 함으로 이 교재는 부사관을 희망하는 전공관련 학과 학생들을 위해 육군의 부사관 역할과 책임에 대한 관련 실무지침서와 강한친구 만들기 리더십 프로그램을 바탕으로 규정과 방침에 맞는 기초 소양을 구비할 수 있도록 내용을 기술하였고, 주요내용은 다음과 같다.

첫째, 부사관의 유래 및 변천사와 부사관 역할과 책임
둘째, 부사관 인사관리, 군법/징계 업무이해
셋째, 인간중심 리더십에 기반을 둔 군 리더십 활용방안을 이론, 토의, 발표 등 실습형식 내용 등도 함께 포함하였다.

바람직한 부사관의 역할과 책임을 구현하고 부사관의 위상이 한층 격상되는 것이 우리 군이 강군으로 가는 지름길임을 말씀드리고, 아무쪼록 이 책자가 부사관이 되고자하는 학생들과 이에 관심이 있는 분들에게 많은 도움과 좋은 길잡이가 되기를 기원하며, 출판업계의 어려운 환경에서도 동안 세차례 개정 출판간 많은 도움을 주신 도서출판 아미원 강선백 사장님께 감사드리며, 새로이 개정판을 승낙해 주신 도서출판 진영사의 박진영 사장님과 책자를 만드는데 여러 가지로 도움을 주신 모든 분들에게 감사드립니다.

2021년 8월

저자

목 차

제1부

부사관 역할과 책임

제1장

총　　　론

◎ **견장과 휘장의 의미** ◎

지휘관이 패용하고 있는 견장과 휘장은 어떤 의미가 있는가?

어깨의 견장은 아버지의 엄격함을 의미하고, 좌측가슴의 휘장은 어머니의 자애로움을 의미한다.

따라서 지휘관은 엄(嚴)과 정(情)으로 부하를 지휘하고 통솔해야 한다.

제1절 부사관의 유래

1. 개 요

◆ BC 58년부터 로마 시저(Caesar)장군 최초 운용

◆ 10명 지휘자를 세계 최초 부사관 운용

◆ 영국 왕실에서 Sergeant 호칭으로 세계에 전파

◆ 육군 부사관 제도 미군의 6계급체계 수용

※ 편제 / 교육체계는 미국군식 제도 도입(1946. 4. 5)

2. 부사관 계급장의 유래

구 분	부 사 관	위 관	영 관	장 군
한국군	땅속의 나무 뿌리	땅속의 보석	땅위의 꽃	하늘의 별
미 군	땅속의 나무 뿌리	나무줄기	나뭇잎 (나무잎과새)	하늘의 별

◎ 부사관 계급장 유래

◆ ∧ 또는 ∨(chevron)은 불어로 지붕꼭대기 / 용마루(최고/으뜸)

◆ 15세기 중세 봉건시대 기사, 남작 의복 / 방패, 창등 신분표시

◆ 1817년부터 미.육사 생도 계급장으로 사용

◆ 1820년~1933년까지 위관장교 및 부사관 공통계급장 활용

◆ 맥아더장군 복장 소매 ∨형 수장부착

국군의 전통확립과 21C 선진 정예 장병 육성

제2절 부사관의 역사

1. 부사관의 변천사

- 조선시대 장교/부사관 구분없이 19개 무관 계급 운용
- 우리 군의 하사관 제도는 구한말 갑오경장 이후 시작
  - 1894년 고종 32년 칙령 제10호(대한제국 12. 4 개편)
    「참교(參校), 부교(副校), 정교(正校)」의 3단계 계급 운용 일제시대 말기 1945년 2월 광복군 창설
  - 군 계급 구조 중「참사, 부사, 정사, 특무정사」4개 계급 운용
- 하사관으로 규정
  - 하사관 명칭은 2001년 3월 26일까지만 호칭
  - 대한민국 정부수립 후 1946년 1월 15일 남조선 국방 경비대 창설
  - 1946년 4월 5일 하사관 계급장 제정
- 6단계「참교, 부교, 특무부교, 정교, 특무정교, 대특무정교」운용 1946년 12월 1일 계급 명칭 개정
  - 「하사, 이등중사, 일등중사, 이등상사, 일등상사, 특무상사」
- 1949년 1월 20일 병역 임시 조정령
  - 하사관을「하사, 중사, 상사, 특무상사」의 4단계 계급운영(3년간 복무)
- 1962년 1월 10일 군 인사법 개정「복무연령 정년제도」시행
  - 「하사, 중사, 상사」3단계 계급 운영으로 4년간 의무 복무
  - 하사관 직업군인 체계 확립을 위해 45세까지 복무
- 1967년 3월 1일 하사관 및 병 대표「주임상사 제도」제정
- 1973년 7월 1일 제3야전군사령부 창설 : 초대 주임상사 임명 운영
- 1973년 7월 1일「하사관단 운용 방침」제정
  - 연대급이상 부대 하사관단 편성, 주임상사 핵심활동지침 제정
  - 1972년 6월 1일「육규 규정화」
- 1980년 12월 4일 군인사법 개정
  - 의무 복무기간 장기 7년, 단기 4년 구분/ 연령 정년 50세로 연장

- 1989년 3월 22일 연령정년 53세로 연장
  - 계급 구조 4단계로 「하사, 중사, 이등상사, 일등상사」 운용
- 2월 1일 「주임상사 휘장 운영」 제정
  - 1993년 1월 1일 현재 휘장개선/대대급 이상 전 주임원사 패용
- 1994년 1월 1일 군 인사법 개정(현재까지 실시 중)
  - 계급 명칭을 「이등상사에서 상사, 일등상사에서 원사」로
  - 직책 명칭을 「주임상사에서 주임원사」로 변경
  - 연령 정년 53세에서 55세로 연장
- 1995년 6월 1일 「고유 직책 명칭 부여」
  - 하사부터 원사까지 통상적 "선임하사" 명칭을 업무담당관, 행정보급관, 부소대장 등 고유 직책 명칭 부여
- 1996년 10월 1일 과거 계급장을 현재 형태로 변경
  - 장교와 동일하게 부착시킴으로 위상제고, 자긍심 고취
- 1998년 7월 6일 「하사관 종합발전 계획」 수립
  - 21세기 선진육군 하사관상 정립을 위해 군 하부구조 전투력 발휘의 중추적 역할을 하사관이 책임지고 수행할 수 있도록 한 여건조성 방안 수립
- 1999년 1월 2일 육본 인사참모부 「하사관 제도과」 신설
  - 하사관 제도 발전 전담
- 2000년 1월 1일 「하사관 역할과 책임」 육규 제116조 규정화
  - 하사관 고유 업무 수행
- 2001년 3월 27일 군인사법 개정법률 제6290호
  - 하사관에서 「부사관」으로 신분 명칭 개정(56년 만에 개정)
  - 부사관은 하사관의 아래(下)라는 뜻 없이 장교에 버금(副)간다는 뜻으로, 과거 장교의 보좌역할 임무를 하던 하사관을 장교와 동반자적 관계로 정립한다는 내용이 담긴 명칭임.

2. 계급의 변천사

구 분	하 사	중 사	상 사	원 사
조선시대 중기	副 司 勇 (司 勇)	副 司 猛 (副 猛)	副 司 正 (副 正)	
조선시대 후기	종 9 품 (展力副尉)	정 9 품 (效力副尉)	종 8 품 (信承副尉)	정 8 품 (承義副尉)
대한제국 1894. 12. 4개편	참 교 (參 校)	부 교 (副 校)	정 교 (正 校)	
광 복 군 1907~1946	참 사	부 사	정 사	특무정사
1946. 4~1962. 4	일등중사	이등상사	일등상사	특무상사
1962. 5~1966	하 사	중 사	상 사	
1967~1970	하 사	중 사	상 사	
1971~1988	하 사	중 사	상 사	주임상사 (직 책)
1989. 5~1993	하 사	중 사	이등상사	일등상사
1994~	하 사	중 사	상 사	원 사

3. 계급장의 변천사

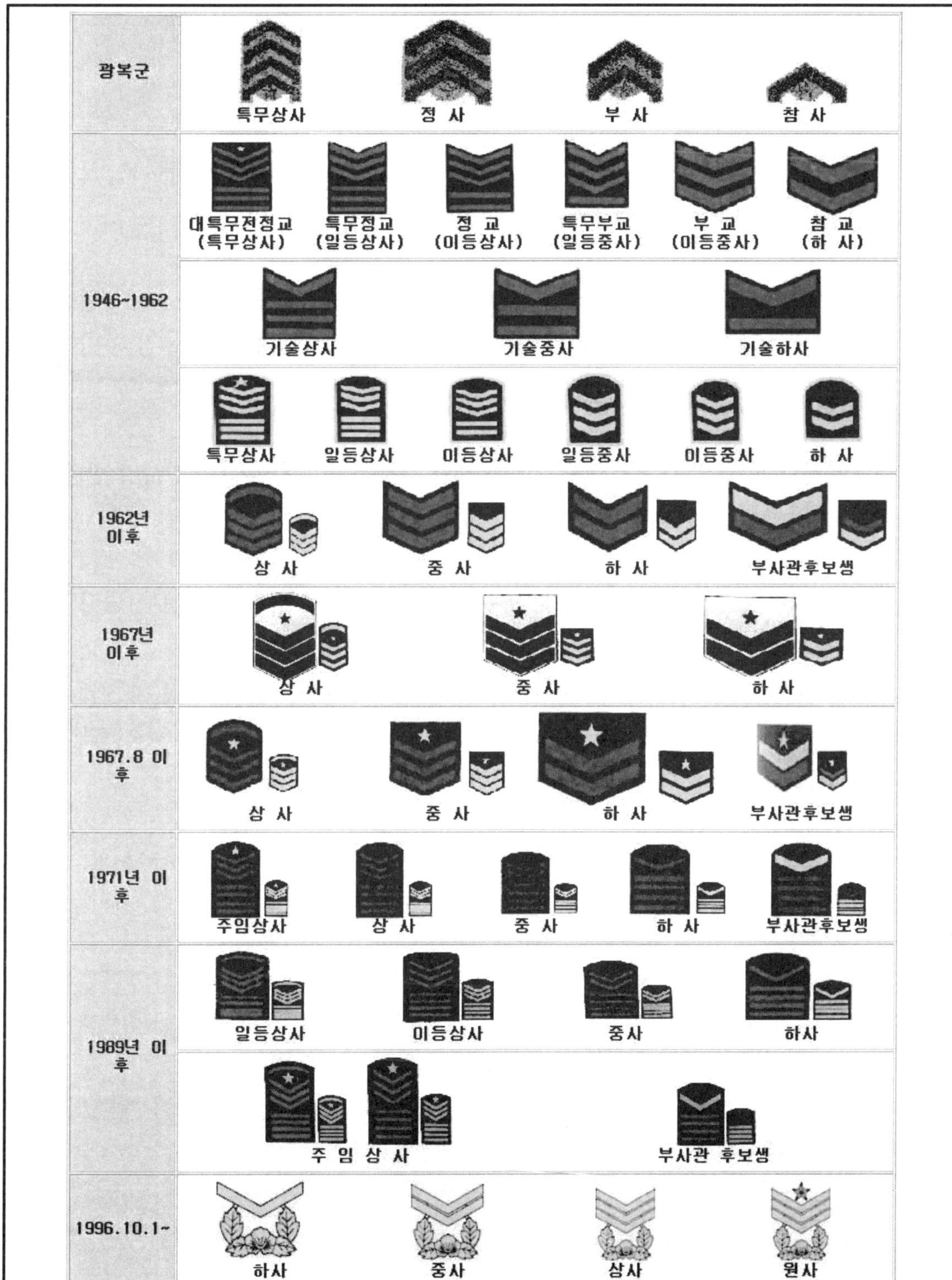
광복군
특무상사
정 사
부 사
참 사
1946~1962
대특무전정교 (특무상사)
특무정교 (일등상사)
정 교 (이등상사)
특무부교 (일등중사)
부 교 (이등중사)
참 교 (하 사)
기술상사
기술중사
기술하사
특무상사
일등상사
이등상사
일등중사
이등중사
하 사
1962년 이후
상 사
중 사
하 사
부사관후보생
1967년 이후
상 사
중 사
하 사
1967.8 이후
상 사
중 사
하 사
부사관후보생
1971년 이후
주임상사
상 사
중 사
하 사
부사관후보생
1989년 이후
일등상사
이등상사
중사
하사
주 임 상 사
부사관 후보생
1996.10.1~
하사
중사
상사
원사

제3절 부사관의 역할과 책임

1. 부사관의 역할

가. 부대의 전통을 유지하고 명예를 지키는 간부로서 맡은바 직무에 정통하고, 모든 일에 솔선 수범하여 병의 법규 준수와 명령 이행을 감독

나. 군 하부구조 전투력 발휘의 중추적 역할로서 병 기본 및 주특기 교육 내무생활을 지도 병의 신상을 파악하여 선도 병에 대한 인사관리 전담과 부대 시설물, 장비 및 보급품 관리, 각종 안전사고 예방활동

다. 예하부사관 및 병의 대변자 지휘관에게 제반 문제해결이나 인사관리, 사기 함양, 능력 계발 여건조성 등에 대해 건의

라. 전시에도 부사관은 소부대 전투의 전문가이자 지휘자로서 소부대 전투 승리의 주역 역할을 수행

마. 병과 부사관의 전투기술 향상을 위한 훈련을 주도 전투시 전투력 발휘를 극대화시키는 전투현장 지도자의 역할

바. 인원, 장비, 물자가 필요한 곳에서 제 기능을 발휘함으로서 전투에서 승리할 수 있는 여건을 구비

사. 해당분야의 전문적인 현황 및 Know - How를 지휘관에게 조언

아. 임무에 기초한 현장부대관리를 시행하는 핵심관리자 역할을 구비

자. 지휘관의 부대운영 지침에 따라 위임된 권한을 행사

차. 부사관 인원 부족으로 부사관 역할 수행 능력 초과시 사(여)단급 지휘관의 승인하에 장교를 포함하여 역할을 분담할 수 있다.

2. 부사관의 권한 및 행사

가. 부사관의 권한

(1) 결 정 권

지휘관의 권한 중에서 병에 관한 일부 사항을 부사관에게 위임하여 부사관이 필요한 조치를 취하고, 위임된 권한을 행사시 그 결과를 지휘관에게 보고

(예) 병 외출·외박 승인권, 행정 근무편성권, 시설물 관리권한 등

(2) 건 의 권

병의 신상문제에 대하여 부사관의 의견을 반드시 반영하여 지휘관에게 건의하고, 부사관이 건의한 사항에 대해 우선적으로 조치

(예) 휴가, 포상 및 처벌, 진급, 병 및 부사관의 신상 문제 등

(3) 참 여 권

병의 신상 문제 및 각종 전투력 측정 시는 병의 대변자 또는 직접 감독자 및 부사관은 병에 대한 심사시 위원, 간사 또는 조언자로서 참여

(예) 교육훈련 평가, 내무검사, 상벌 및 진급심사

나. 부사관 직책별 세부권한

직책 / 내용	분대장	부소대장	중대 행정보급관	참모부 부사관
외출, 외박	승인, 건의	승인, 건의	승 인	공용 결정
보 직		직책결정 / 건의	• 소대분류 • 본부요원	직책결정
근무편성		소대근무 편성	중대근무 편성	
휴 가	건 의	건 의	건 의	건 의
표 창	추 천	추 천	건 의	추 천
징 계	• 회부건의	• 회부건의 • 위원으로 참석	• 회부건의 • 간사로 참석	• 회부건의 • 위원으로 참석
진 급	• 모범병 추천 • 억제자 건의 • 심사위원(부족시)	• 모범병 추천 • 억제자 건의 • 중대 심사위원	• 모범병 추천 • 억제자 건의 • 중대 심사 간사	• 모범병 추천 • 억제자 건의

직책 / 내용	분대장	부소대장	중대 행정보급관	참모부 부사관
평 가 및 점 검	• 교육훈련 • 내무생활 • 군기 • 보급품 관리	• 교육훈련 • 내무생활 • 군기 • 보급품 관리	• 본부요원 교육훈련 및 내무생활 • 중대원의 군기 및 보급품 관리	• 주특기 교육 • 군기
기 타 신상문제	면담 및 건의	면담 및 건의	면담 및 건의	면담 및 건의

자료 : 육군규정 116조 부사관 복무 규정 부사관 활용

다. 세부 업무분장 및 책임한계(육규 116 부사관 복무규정)

(1) 인사업무(49개)

주요업무	세부업무		책임부여 중대: 중대장	책임부여 중대: 행보관	책임부여 소대: 소대장	책임부여 소대: 부소대장
부대 병력유지	일일 병력현황 확인/기록 유지		확인	전담		
	병력 예상손실 판단/보충 건의			전담		
병 인사관리	병 보직 부여/조정		승인	담당		
	병 특기 변경		확인	전담		
	병 진급 측정/심의/명령 건의		확인	전담		
	신상파악/생활지도 기록부 기록 및 관리		확인	전담	확인	전담
	소원수리/설문접수 및 조치		확인	전담		
	병 애로 및 건의사항 조치		확인	전담		
	가정 통신문 발송		전담			
사기앙양 및 유지	휴 가	연가/공가/100일 휴가	확인	전담		
		포상/청원/위로 등	승인	담당	승인	담당
	외출·박	성과제		전담		
		면회시	승인	담당		
		포 상	승인	담당	담당	담당
	우 편 수 발			전담		
	종 교 활 동		확인	전담		
	경리업무	병봉급, 수당 등	확인	전담		
		중대 운영비	승인	담당		
		병 통장 회수/관리		전담		

주요업무	세부업무		책임부여			
			중대		소대	
			중대장	행보관	소대장	부소대장
	복지활동	운동/오락기재 관리		전담		전담
		내무반, 복지시설 관리		전담		전담
	포　상	포상계획 수립 및 시행	승인	담당	담당	담당
보건 근무	위생관리(목욕/세탁/이발, 방역)			전담		선담
	건강관리(진료/외진, 입실/후송)		확인	전담	확인	전담
군기 군법 및 질서유지	사고예방 교　육	위험예지 교육 실시	확인	전담	전담	전담
		계절별 취약사고 예고	확인	전담	확인	전담
		사고사례 교육	확인	전담	확인	전담
	사고예방 활　동	주둔지 사고예방활동 점검	확인	전담	확인	전담
		취약지/시간 순찰	확인	전담	확인	전담
		사고 위해요소 제거	확인	전담	확인	전담
		보호관심 병사 관리	확인	전담	확인	전담
	사고발생시 조　치	사고발생시 보고	승인	담당		
		사고 처리	승인	담당		
		사고관련 후속조치	승인	담당		
	군기교육	군기교육 대상자 심의/결정	확인	전담		
		건강상태확인/교육입소		전담		
	징계계획 수립 및 시행		승인	담당		
기타	내무생활	임무분담제		전담		전담
		내무 부조리 척결		전담		전담
		휴무 · 자유시간 보장 (계획수립/시행)	승인	담당		
	신　고	전출 · 입, 전역	전담			
		파　견	전담			
		휴 가 출 발	전담			
		휴 가 복 귀		전담		전담
		외출 · 박(출발/복귀)		전담		전담
	전입병 동화교육계획수립/시행			전담		
	중대 관인 보관/날인		확인	전담		
	부대일지/행정서류 기록 및 관리		확인	전담		
	각종 행사(신고/행사) 준비			전담		

(2) 교육훈련(18개)

<table>
<tr><th rowspan="3">주요업무</th><th rowspan="3" colspan="3">세 부 업 무</th><th colspan="4">책 임 부 여</th></tr>
<tr><th colspan="2">중 대</th><th colspan="2">소 대</th></tr>
<tr><th>중대장</th><th>행보관</th><th>소대장</th><th>부소대장</th></tr>
<tr><td rowspan="7">부대훈련
계획
수립/시행</td><td colspan="3">주간훈련예정표 초안 작성</td><td>전담</td><td></td><td></td><td></td></tr>
<tr><td colspan="3">월간훈련계획</td><td>전담</td><td></td><td></td><td></td></tr>
<tr><td rowspan="5">실습
계획표
작성
/
교관,
교보재,
훈련장
준비</td><td colspan="2">중대 전술훈련
(과제단위)</td><td>전담</td><td></td><td></td><td></td></tr>
<tr><td colspan="2">분·소대 전술훈련
(전투모형)</td><td>전담</td><td></td><td>전담</td><td></td></tr>
<tr><td rowspan="2">병기본
훈 련</td><td>정신교육,
개인화기사격</td><td>전담</td><td></td><td></td><td></td></tr>
<tr><td>병기본훈련
(정신교육/개인화
기 사격제외)</td><td>확인</td><td>전담</td><td>확인</td><td>전담</td></tr>
<tr><td colspan="2">주특기</td><td>확인</td><td>전담</td><td></td><td>전담</td></tr>
<tr><td rowspan="3">부대훈련
성과분석</td><td rowspan="2">내부
평가</td><td colspan="2">분·소대 전술훈련
(전투모형)</td><td>전담</td><td></td><td></td><td></td></tr>
<tr><td colspan="2">병기본/주특기</td><td>확인</td><td>전담</td><td></td><td>전담</td></tr>
<tr><td colspan="3">일일 교육결산</td><td>전담</td><td></td><td></td><td></td></tr>
<tr><td rowspan="8">정신교육</td><td colspan="3">지휘관 정신교육</td><td>전담</td><td></td><td></td><td></td></tr>
<tr><td colspan="3">기본정훈</td><td>전담</td><td></td><td></td><td></td></tr>
<tr><td colspan="3">시사안보</td><td>전담</td><td></td><td></td><td></td></tr>
<tr><td colspan="2" rowspan="2">충·효·예
교 육</td><td>충</td><td>전담</td><td></td><td></td><td></td></tr>
<tr><td>효·예</td><td>확인</td><td>전담</td><td></td><td></td></tr>
<tr><td colspan="3">문화활동</td><td>확인</td><td></td><td>전담</td><td></td></tr>
<tr><td colspan="3">단결활동</td><td>전담</td><td></td><td></td><td></td></tr>
<tr><td colspan="3">가치관 교육</td><td>전담</td><td></td><td></td><td></td></tr>
</table>

(3) 작전업무(13개)

주요업무	세부업무		책임부여			
			중대		소대	
			중대장	행보관	소대장	부소대장
주둔지 경계	계획수립		전담			
주둔지 경계	경계근무 편성	GOP/해안 경계부대	전담		전담	
주둔지 경계	경계근무 편성	기타부대	확인	전담		
주둔지 경계	경계장비/시설 관리		확인	전담		
국지도발 대비	전투대기 편성, 운용		확인		전담	
국지도발 대비	전투시설관리		확인	전담		
국지도발 대비	장비/탄약/물자관리		확인	전담		전담
국지도발 대비	취약지 수색/매복		전담			
전면전 대비	전시계획	개인임무카드	전담		전담	
전면전 대비	전시계획	전투준비시행규칙	전담		전담	
전면전 대비	전투준비	전투진지/시설관리	전담			
전면전 대비	전투준비	전투장비/물자관리	확인	전담		전담
전면전 대비	전투준비	장벽자재 관리	확인	전담		전담

(4) 동원업무(6개)

주요업무	세부업무	책임부여			
		중대		소대	
		중대장	행보관	소대장	부소대장
예비군 편성/자원관리		전담			
동원훈련	동원훈련 준비/실시	전담			
동원훈련	부대 증·창설업무철 작성/유지	전담			
동원훈련	동원병력 인도 인접	확인	전담		
물자관리	동원함/증편물자 준비	확인	전담		
물자관리	치장물자/장비준비	확인	전담		

(5) 정보업무(9개)

주요업무	세 부 업 무		책임부여			
			중대		소대	
			중대장	행보관	소대장	부소대장
보안업무	보안일일 결 산	중대	전담			
		소대	확인		전담	
	전투지원태세 확인의 날	정신교육	전담			
		확인활동	확인	전담	전담	전담
	출타장병 보안교육	전출/전역/휴가시	전담			
		외출 · 박시		전담		전담
	비밀관리	중대	전담			
		소대	확인		전담	
	보조기억매체, 전산기관리		확인	전담		

(6) 군수업무(13개)

주요업무	세 부 업 무	책임부여			
		중대		소대	
		중대장	행보관	소대장	부소대장
장비/ 보급품 관리	전입병 병기 수여식	전담			
	수시 재물조사 / 결과 조치 (일품검사, 전투지원태세 확인의 날 행사)	확인	전담		전담
	보급품수불 확인/감독	확인	전담		전담
	급양감독(취사단위부대)	확인	전담	확인	전담
	총기/탄약일일결산	승인	담당	승인	담당
	손망실 처리	확인	전담		
시설 관리/유지	재해 · 재난대비 준비/훈련 (폭우, 폭설, 화재 등)	전담		전담	
	월동/월하준비	확인	전담	확인	전담
	시설물 점검 · 보수/유지		전담		전담
	격별보수비 신청/집행	확인	전담		
환경보전	쓰레기분리수거/자원재활용		전담		전담
	오 · 폐수(장) 관리/유지	확인	전담		전담
	국토대청결의 날 행사	확인	전담		

제2장

직책별 부사관의 역할과 책임

보이지 않은 것도 볼 줄 알아야 하며 들리지 않는 것도 들을 줄 알고
생각나지 않은 것도 생각할 수 있도록 노력해야 한다.

제1절 주 임 원 사

1. 개 요

- 지휘관 보좌, 부사관단 대표
- 부사관 및 병의 대변인 역할과 선도 및 교육
- 부대원의 사기, 복지, 단결, 사고예방 등 부대관리 전반에 대한 지휘조언 및 건의
- 부사관단 활동 추진(교육훈련, 부대환경, 내무생활, 군기/사고예방 등) 하급제대 부사관의 업무수행 지도 및 감독
- 부대 역사 유지
- 부대 제반 의식행사/대외활동

◈ 주임원사 자세 ◈

- 주임원사는 지휘관의 의도를 항상 명찰, 지휘주목
- 부대운영사항 소상 파악 / 인지
- 지휘관의 지시 업무 추진
- 적시 적절한 보고 / 건의
- 지휘관이 최선의 결심토록 올바른 조언 / 건의

주임원사 = 부사관의 꽃, 후배부사관들의 꿈과 미래

2. 역할과 책임

가. 지휘관 보좌

(1) 부사관 활동에 대한 계획 수립 및 지휘조언(활동결과 보고 및 조치)

※ 지휘조언시 고려사항

- 대면시기와 시간, 장소 등을 심사숙고하여 최상의 조건을 선택 지휘관의 관심을 집중하여 추진하고 있는 과제와 연관성 있게 조언
- 업무 예측 및 시행착오 최소화를 위한 첩보제공 현 참모부 업무추진 실태를 파악하고, 참모와 유기적인 협조를 통하여 제반자료 및 첩보획득, 지휘관 의도 숙지 조언여부가 의심스러울시 상급 주임원사에게 문의 후 조언 매 사안에 대하여 세밀하고도 정확성을 기하여야 하며 조언시 편견을 버리고 솔직하게 조언
- 지휘관의 입장을 고려하여 단독으로 조언하고 항상 지휘관을 부담스럽게 또는 곤란한 입장이 되지 않도록 유의하며, 지휘관이 판단할 수 있는 여유 있는 조언을 실시
- 지휘관이 공식적으로 결심 내리기 전에 가능한 한 진실을 알리도록 최선을 다하고 일단 내린 결심에 대해서는 누구보다 모든 역량과 충성심을 가지고 보좌
- 실수나 판단 착오가 없도록 항상 성실성과 심사숙고함을 견지

(2) 부대관리

(가) 제 규정 준수, 부사관/병 신상관리, 애로/건의 사항

(나) 부대원 의·식·주, 보건상태 파악/취약 지역 순찰 결과보고

(다) 부대원의 사기/복지, 단결에 관한 문제점 파악, 보고

(라) 삶의 질 향상/합리적 부대운용을 위한 실태파악/조언

(3) 교육훈련(병기본훈련, 교관운용, 전술훈련시)

(4) 전투준비태세유지 점검(결과보고)

(5) 지휘관심/지시사항 이행실태 파악 및 보고

(6) 기타 부대 발전방안 건의

나. 부사관 인사관리

(1) 부사관 보직 판단 및 결정에 대한 참여

(가) 인사 실무자 보직 건의안 작성시 의견 제시, 협조 서명

(2) 부사관 관련 추천 및 심사시 심의 위원으로 참석

(가) 포상 · 장기복무 및 복무연장, 단기 부사관 및 모범 부사관 선발, 위탁교육인원 선발, 진급지휘추천 등

다. 교육 훈련

(1) 각종 훈련/교육실태 점검 후 문제점 및 개선 방안 건의

(2) 부사관 연구강의 주관 : 병기본 훈련, 주특기, 필요시 소부대 전투

(3) 병 주특기 훈련 전담 평가 및 교육

(4) 효 · 예 교육 및 행동화 실천 지도

(5) 전술훈련시 계획수립 및 협조회의 참석 후 의견제시

(가) 지형 및 기후, 대민관계, 훈련사례, 안전대책, 물자/장비운용 등

(나) 통제관 안내 및 지휘소와 전투근무지원 시설운용

(6) 훈련 전 부사관단 훈련준비 협조회의 및 훈련 후 부사관단 사후검토 실시

라. 군기 및 병영생활 지도

(1) 부사관단 주관하 내무검사 시행

(가) 사전 계획 작성 예하대 하달

(나) 실시 결과보고(신상필벌 적용)

(2) 내무생활 지도감독

(가) 구타, 가혹행위 등 내무부조리 근절 대책 강구
(나) 부대별 병영생활 평가
(다) 관심 부사관·병 상담 및 지도
(라) 모범 내무실, 내무생활 우수자 선발 포상 및 조치
(마) 군기 / 안전사고 예방에 기여한 인원 선발 포상
(바) 제대별, 계층별 간담회 실시 및 결과 조언

(3) 예하대 부사관 근무요령 교육 및 선도

(가) 부사관으로서의 근무자세 품위 유지 등에 대한 선도
(나) 부대근무, 사생활 문란, 부사관 지도 및 지휘조치 건의

(4) 군기교육대 운용계획 수립 및 시행

(가) 군기교육대 설치 및 운용계획 수립
(나) 군기교육 대상 인원 선정 및 교육

마. 복지 및 사기

(1) 부사관 병의 기본권 보장을 위한 활동 및 건의

(2) 사기 진작과 체력 향상을 위한 건의 / 조언

(3) 위문행사 계획 및 시행(불우이웃 돕기, 양로원 방문)

(4) 훈련시 복지 및 사기 상태확인 후 대책강구(건의)

(가) 복지 및 편의시설 운용
(나) 휴가 및 포상, 현장격려 활동
(다) 휴식과 근무, 훈련의 조화

(5) 재활용품 관리 및 판매처리

바. 부사관단 활동 추진

(1) 각종 위문 및 지원활동, 부대환경 개선, 불우전우(이웃) 돕기

(2) 주기적인 부사관단 회의 주관

(3) 부대 전통의 계승 유지 및 발전 업무 수행

(4) 훈련시 부사관단을 운용한 원활한 훈련준비 및 전투근무지원 체계 유시

현명한 사람은 다른 사람의 경험에서 배우고
어리석은 사람은 자신이 직접 경험하면서 배운다.

3. 세부수행 방법

주임원사는 지휘관의 지휘의도를 항상 명찰하고 지휘주목 해야 하며, 부대의 운영사항은 지휘관보다 소상하게 파악·알고 있어야 한다. 또한 지휘관의 지시된 모든 업무를 파악 준비 및 추진해야 하며, 정직하고 적시적절한 보고/건의로 지휘관이 최선의 결심을 내릴 수 있도록 조언해야 한다.

가. 부사관단 활동 추진

(1) 부사관 활동에 대한 계획수립 및 지휘조언

(가) 계획수립

- 시 기 : 매년 11~12월
- 포함사항
  - 간담회, 지도방문, 위문 / 격려활동
  - 교육훈련
  - 사기진작 활동
  - 각종회의
  - 기타 부대관리 / 행사
- 계획 작성 후 지휘관 보고 / 예하부대 하달

(나) 활동결과 분석 / 토의

- 시 기 : 대대(주1회), 연대(월2회), 사·여단(월1회)
- 중 점
  - 주요활동사항 토의 / 의견수렴
  - 애로 / 건의사항 수렴
  - 지휘관 관심, 지시 / 강조사항 전파, 교육

(2) 부대관리

(가) 병영시설 관리 / 상태확인

1) 병영생활 제한요소 확인 / 조치(일일순찰 활동)

- 확인사항 : 전기, 급수, 난방, 목욕탕, 세면장등
- 조　　지
  - ○ 행정보급관 지시 / 즉각 조치 후 보고 체계 정립
  - ○ 과다 예산 및 즉각 조치 불가시 격별 보수비 집행계획에 반영
  - ○ 전문 기술적인 정비 / 보수 요구시 상급부대 즉각 건의

2) 전담관 임명 / 활용

- 방　법 : 시설별, 위치별, 층별
- 관　리 : 1일 1회이상 순찰을 통한 정비소요 확인 / 보고
- 임　무
  - ○ 해당 시설물의 관리에 대한 책임
  - ○ 해당 시설의 보수소요 발생시 직접 정비 및 보수
  - ○ 해당 시설의 격별보수 소요 파악/ 보고
  - ○ 예방 보수 자체 소요내용기록 유지(업무일지)

(나) 복지시설 100% 가동상태 확인

- 병영생활에 밀접한 핵심시설 상시 활용상태 유지
  - ○ 일일, 수시 순찰을 통한 상태 확인
    - 정비소요 발생시 : 즉각 조치
    - 과다예산소요및 정비기간 지연시 : 병사교육 / 이해, 격별 보수비 집행계획 반영 결과 지휘관 보고
  - ○ 격별 보수비 집행시 병영 / 편의시설위주 우선 집중보수
- 사용간 애로 / 건의사항 수렴 · 조치
  - ○ 시　기 : 각종 간담회 / 부대발전을 위한 제언 수렴 / 기타설문 수렴시등
  - ○ 건의사항 수렴시 구체적인 조치계획 지휘관 서면보고 후 전 병사 교육

(3) 부대원 의 · 식 · 주, 보건상태 파악 및 취약지역 순찰 결과 보고

(가) 개인, 특수피복 보유 및 관리상태 확인

- 주요관심 품목에 대한 보급기준 / 보유실태 확인
  - ○ 일품검사, 일석점호, 내무검사를 통한 보급품 개인소지 실태점검 개인별 소지품목 / 수량 확보 여부 확인
    ※ 후임병(일 · 이병)위주 집중점검 / 조치
  - ○ 보급품 상태 확인을 통한 항시 사용가능 상태 유지 (요정비품 정비의뢰, 폐품반납 처리)
  - ○ 규정에 의한 일품검사 이행실태 확인 / 지도
  - ○ 급품 청구 · 수령 · 지급실태 확인 / 지도

1) 방한피복 보유 및 관리상태 확인

하 계	동 계
동계 피복 세탁 / 정비여부 품목별 저장 및 습기 / 곰팡이 예방대책 강구여부 재산 / 현보유 일치 여부(실셈)	개인별 보급기준에 의거 지급 여부 정비 / 폐품처리 품목보유 여부 경계 근무자 규정에 의한 착용여부

2) 계절별 취사병 복장착용기준 이행실태 확인

동 계	하 계
취사모 · 토시 / 앞치마(동계용) 전투복(상 · 하), 장화 * 필요시 야전상의 착용	취사모, 토시 / 앞치마(하계용), 반소매(上), 얼룩무늬 반바지, 하계취사화(샌달)

(나) 급양 감독 및 부식검수 이행 상태 확인

- 부식검수시 하나하나 정밀하게 실시
- 수행지침지휘관 불시 부식검수 및 동석식사 유도
- 취사병에 대한 격려와 관심으로 음식의 질을 높이도록 유도
- 취사병 출타 · 기상 · 취침시간 통제 관심병사에 준해 관리
- 손가락 보호대 제작 / 지급
- 음식맛은 재료보다 조리솜씨에 좌우된다는 것을 주지

- 취사장 주변에 고양이 · 개 · 쥐 · 새 · 파리 제거
- 냉장고 주기적인 세척 / 점검
- 화재예방대책 강구(누전차단기, 노후배선 교체, 튀김솥 관리)

(다) 잔반최소화 및 기타용도 활용 노력

1) 잔반 최소화 착안사항

- 정확한 식수인원 판단에 의한 취사실시
- 잔반 발생 메모를 통한 원인분석 /성의 있는 조리
  - ㅇ 조리법 개발 / 여론반영
  - ㅇ 계절별, 요일별 급식기호 파악 / 취사량 조절
  - ㅇ 과도한 잔반 발생자 파악 및 선도교육
- 취사장비 가용상태 확인 및 정비실시

  ※ 정비 불량시 밥이 설익거나 뜸 부족으로 맛이 떨어지고 비위생적

(4) 부대역사에 관한 내용 숙지 / 필요시 지휘 조언

- 부대역사 숙지(부대사 숙지 및 자료존안)
  - ㅇ 부대역사의 산증인인 주임원사는 부대사에 관한 내용을 정리, 주임원사실 존안 활용
  - ㅇ 활용시기 : 지휘관부임, 외부인사 부대방문, 간부전입, 전입신병 교육시 등 소개
  - ㅇ 포함내용 : 연혁(창설, 이동 등), 역대지휘관, 부대마크(상징, 변경), 주요활동(주요 전투, 작전, 훈련, 대민관계, 부대표창 등)/행사 등
  - ㅇ 부대 역사와 전통을 유지하기 위한 자료발굴 및 기록을 바인더화 보존
  - ㅇ 주둔지 내의 시설물, 수목, 상징물에 대한 자료 존안
- 상급부대 및 인접부대 관련사항에 대한 조언으로 부대 지휘 참고
- 대민 유대강화를 위한 활동 조언 : 부대행사 초청, 주민행사 참여
- 전사적지 답사 및 향토사 등을 숙지하여 지휘관 부임 및 전입간부 / 병 교육시 자료로 활용

(5) 삶의 질 향상 / 합리적인 부대운용을 위한 의견수렴 및 지휘조언

- 간부들과의 수시 접촉 및 대화로 불만요인 제거
  - ○ 일과이후 독신자 숙소 방문
  - ○ 미혼간부와의 단결활동 / 간담회를 통한 의견수렴(부사관)
  - ○ 일과중 자연스러운 접촉을 통한 의견수렴(장교, 부사관)
- 각종 간담회 / 면담을 통한 의견수렴
  - ○ 간담회 : 분대장, 취사병, 이등병, 부사관
  - ○ 면　담 : 부사관 / 병
- 간부들의 개인기본권 보장 실태 확인 / 조언
  - ○ 규정에 의한 외박 이행 실태
  - ○ 일과이후 사생활 보장 실태
    - 출 / 퇴근시간, 전투일일결산 종료시간(소대급)
    - 불필요한 통제 및 일과 후 임무부여 여부

(6) 기타 부대발전 방안 건의

(가) 부대 상호간 교류 방문 활동

1) 부대 교류방문을 통하여 문제점 / 개선안을 파악 부대관리에 활용
2) 부대별 균등 발전을 위하여 동일부대 또는 유사임무 부대를 방문 장단점 파악
3) 방문 후 상호 토의를 통하여 발전 방향을 도출, 지휘관에게 보고 후 부대관리에 적용
4) 방문간 점검위주가 아닌 견학 / 토의 위주 시행

(나) 부대개선 / 발전방안에 대한 지속적인 건의 및 창의적이고 긍정적인 사고 견지

『처음에는 사람이 습관을 만들지만,
나중에는 습관이 운명을 만든다.』

우리가 생각의 씨앗을 뿌리면 행동의 열매를 얻게 되고
행동의 씨앗을 뿌리면 습관의 열매를 얻는다.
습관의 씨앗은 성품을 얻게 하고, 성품은 우리의 운명을 결정짓는다.

사무엘 스마일즈(Samuel Smiles)

나. 부사관 인사관리

주임원사는 부사관 인사관리의 책임의식을 가지고 우수 부사관 선발, 보충 보직조정, 신상필벌 등 부사관 인사관리 전분야에서 적극적인 의견제시 및 조언을 통해 부사관 복무 활성화에 진력해야한다.

(1) 부사관 보직판단 및 결정에 대한 참여

- 연간 손실 및 보충계획 확인(월별, 제대별, 병과별, 계급별)
  ※ 인사 실무자 사전협조(참모) / 지시(담당관)
- 부사관 보직조정시 의견제시
  - ○ 개인 업무수행능력, 진급 / 평정 관련사항, 부사관단 의견 등
- 임기 만료자 순환보직 건의 시행(권장)

(2) 부대 근무, 사생활문란 부사관지도 및 지휘조치 건의

(가) 부사관 선발시 엄선 선발

1) 자대선발시

가) 심의 위원에 의한 다양한 분석을 통해 우수자원 엄선

나) 개인적인 사유로 인한 무책임한 선발행위 엄격 통제

2) 선발 후 체계적인 관리로 우수간부 조기 육성

가) 수시 면담을 통한 애로사항 수렴· 조치

나) 임무수행 상태 확인을 통한 위로 / 격려(자신감 주입)

다) 저축 장려로 건전한 사생활 유지(봉급명세서, 적금통장 확인)

※ 부사관학교 양성 교육시 부적격자 과감한 도태조치

(나) 독신간부 일과 이후 숙소 불시방문 / 지도

1) 개인사생활 실태 확인을 통한 지도 / 교육

2) 불건전 오락 및 무절제한 음주 행위 통제

3) 독신부사관 간담회 / 반상회 등을 통한 애로 및 건의사항 수렴조치

(다) 관심부사관 현황유지 및 적극적인 지도

1) 수시 접촉 및 면담을 통한 지도 / 교육

2) 관심 사유별 정확한 분석을 통한 적극적인 조치
3) 주임원사 능력 초과시 지휘관에게 보고 / 조치
4) 부대 및 부사관단 명예 훼손시 엄격한 신상필벌 적용

다. 교육훈련

병 개인훈련을 통해서 조건 반사적인 개인전투 기술을 숙달시키고, 충 · 효 · 예 교육과 각종 정신교육 강화로 무형 전투력을 향상시켜 적과 싸우면 반드시 승리하는 정예전투 요원으로 육성

(1) 교관 연구강의 계획 수립 / 시행

- 주관 / 대상

주 관	대대 주임원사	여단 / 연대 주임원사
대 상	대대 전 부사관	직할대 부사관

- 시 기 : 반기 1회
  - ㅇ 과제별(정보, 기동, 화력, 생존) 연구강의 일정판단 / 개인별 사전통보
  - ㅇ 평가 D-2일전 구체적인 평가 계획 포함 연구강의
- 채점표에 의한 연구강의
  - ㅇ 합격자 : 교관임무부여, 교관 자격증 수여, 우수교관 선발포상
  - ㅇ 불합격자 : 합격시까지 매월시행

(2) 교육훈련 현장지도

- 주간훈련 예정표에 반영된 과제 교육여부
- 계획된 교육인원 전원 참석여부
- 건제단위 조편성에 의한 순환식 교육여부
- 훈련과제에 적합한 훈련장 설치 / 활용여부
  - ㅇ 적 상황을 고려한 구조물 설치여부
  - ㅇ 현 지형 활용 및 다양한 작전환경하 적용평가 여부
  - ㅇ 훈련장 추가 설치 및 정비소요 발생 여부

(3) 훈련장 관리

- 훈련장 관리
  - ○ 정비소요 / 안전제한 사항확인(수시)
    - 각종 구조물 파손 및 자연 마모로 인한 보수 및 교체여부
    - 각종 페인트 도색 및 글씨재도안 여부
    - 교리 수정으로 인한 훈련장의 적합성 여부
    - 각종 안전 제한사항 확인
  - ○ 훈련장 관리 책임부대 선정 / 시행
    - 각부대별 순환, 관리 책임부여
    - 훈련장 정비 / 보수소요발생시 우선지원(교육자재, 기타 소요자재)
  - ○ 훈련장 위치 및 현황유지
    - 훈련장 요도 작성 / 비치 : 주임원사실

(4) 주임원사실 병 기본훈련 현황유지

- 내 용
  - ○ 평가지침 : 육군지침 + 각 부대별 지침
  - ○ 교관편성(각 과제별 / 제대별 정 · 부) / 교관능력 / 담당과제, 연구강의 결과(합격, 불합격)
  - ○ 평가결과(월, 분기, 반기별 성과분석)
  - ○ 훈련장요도, 위치, 수량
  - ○ 기타 보완 및 발전시킨 사항
- 활 용
  - ○ 지휘관, 상급부대 주임원사 방문시 관련내용 보고
  - ○ 수시 확인 / 점검으로 항시 정확한 실태 및 현황 유지

(5) 효 예 교육 및 행동화 실천 독려

- 연간 교육계획 작성시 지도 및 교육
  - ○ 교육 중점에 대한 조언
    - 교육의 목적과 필요성, 본질을 이해
    - 현대적 관점에서의 실천방안 강구
    - 지휘통솔 및 무형 전투력과의 연계
    - 전인교육 및 국민교육 도장화하에 선진 민주시민 육성교육
  - ○ 교육방향에 대한 조언
    - 우리민족의 고유사상임을 장병에게 인식
    - 병영생활을 통한 체험위주의 교육
    - 간부 및 교관의 솔선수범에 의한 교육
    - 병영생활 24시간을 활용한 생활화 위주 교육
  - ○ 부대교육 계획에 반영여부
    - 정과교육 : 지휘관시간 이용 주1시간 이상교육
    - 집중정신교육 : 반기 1회, 8시간 반영 / 체험 및 실습위주 교육
    - 생활화 교육 : 병영생활 전반에 걸쳐 융통성 있게 교육

라. 군기 / 내무생활 지도

(1) 부사관단 주관하 내무검사 시행

- 시행제대

주 관	대대 주임원사	연대 주임원사	사·여단 주임원사
제 대	중 대	직할 중대	직할 부대

- 사전 계획 작성· 하달
  - ○ 월간 예정사항에 반영 / 세부 계획 작성·하달
  - ○ 월 1회 시행하되 실시시기는 지휘관 승인 / 자대내규 반영 시행

(2) 구타 / 가혹행위 등 내무 부조리 근절 대책 강구

(가) 우려자에 대한 정확한 현황유지 / 관리

1) 전입신병 면담시부터 우려자 분류 / 관리(첩보제공, 조언)

2) 보호 및 관심 병사로 분류 / 특별관리(면담, 교육)

(나) 직접적인 유발요인 제거 노력

1) 분대건제를 무시한 비공식 사조직 운용여부

2) 병영생활 행동강령

3) 지침 미준수 / 미보고된 음주 행위

(다) 실태확인 및 근절을 위한 지속적인 노력

1) 구타 / 가혹행위자 발견시 규정에 의한 신상필벌 건의 / 조언

2) 취약지역 / 시간 위주 순찰활동 및 필요시 동숙(소초, 격오지)

3) 직 / 간접적인 방법을 적용한 실태확인(면담, 간담회, 설문수렴, 소원수리, 전화, 편지, 기타)

4) 개인수첩, 수양록 불시확인(비밀보장)

5) 의무대 치료환자 확인 / 군의관 의견수렴

6) 관련 참모부서 협조(군종, 헌병, 법무)

(라) 관심병사

1) 대　　상

가) 구타 / 가혹행위 우려자

나) 자살 / 탈영 우려자

다) 전입신병 면담시 관심을 요하는 병사

• 결손 가정환경 성장병사	• 정상적인 교육 미필병사
• 입대전 유흥업소 근무자	• 이성관계로 고민중인 병사
• 고질적인 질병 보유자	• 언어장애 및 내성적인 병사

2) 지도 요령

가) 다양하고 창의적인 면담기법 적용 / 집중관리(부록Ⅰ-9 참조)

> • 정기 및 수시 접촉(훈련, 근무, 작업시)을 통한 면담
> • 간접면담(군종장교, 군의관, 동기, 부모, 애인)을 통한 확인
> • 개인수첩 / 수양록 등 불시점검을 통한 실태확인
> * 능력초과시 전문가 조언 및 지휘관 보고

나) 관심병사 유형에 따른 적극적인 조치

구 분	개 인 문 제	부 대 문 제	가 정 문 제
유 형	● 이성문제 ● 성격장애 ● 신체허약(질병보유) ● 정신교육 미필	● 소외된 병사 ● 복무 부적응 ● 구타 / 가혹행위 ● 내무 부조리	● 가정빈곤 ● 부모불화/갈등 ● 형제간 갈등 ● 편부 / 편모(계부 / 계모)
관리 / 조치	● 문제의 핵심을 파악하여 1:1조치 ● 비밀보장 ● 자신감 부여	● 부대의 구조적 문제점 파악 / 조치 ● 자신감 부여	● 수시 접촉하여 면담 · 교육 ● 부모 / 형제와 수시 연락 여건 부여 ● 자신감 부여

다) 관심병사에 대한 다수의 인원이 중첩된 신상관리로 상호 보완

라) 관심병사 영외출타(휴가, 외출 / 박 · 기타)시 집중 정신교육 및 지속적인 추적 관리(귀대시간 준수)

마) 전입신병의 신상관리는 아기 돌보듯이 세심한 관리로 100일 특별관리

① 전입신병 관리모델(예)

구 분	조치 / 지도 요령	잘못된 관행
신병 도착시	● 환영 / 개인면담 실시 ● 중대장신고(분 · 소대장배석) ● 분대장이 의류대를 메고 소대 내무실 이동 ● 소대원에게 소개(소대장)	● 신고연습 ● 분 · 소대 신고 ● 비공식 조직에 의한 신고
홀로서기 이전	● 부대전통, 시설배치, 위험지역, 규정교육 ● 애로사항 파악 / 조치 ● 임무수행 요령 집중 교육(분대장)	● 병영생활 행동강령 ● 인격적 모독행위

② 전입신병의 심리상태 확인 / 조치

- 새로운 환경에 홀로 서있게 되므로 모든 것이 낯설다.
- 전입 2주간 임무를 부여받지 못하므로 소속감을 못 느낀다.
- 앞으로의 생활이나 소대원의 특성파악이 안되므로 불안하다.
- 무엇을 해야 할지 몰라 안절부절 하게 된다.

사고(5년 평균)
· 근무이탈: 36%
· 자　　살: 29%

③ 100일 관리 계획에 의한 특별관리

1단계(1주차)	→	2단계(2~3주차)	→	3단계(4~8주차)
● 환영행사(소대장) ● 입체적인 신상파악 ● 취지설명(기대감 고양) ● 부대 / 년간 훈련, 부대 활동소개		● 전입신병 간담회 ● 개인능력을 고려한 임무부여 ● 가정통신문 발송 ● 효도편지 쓰기 ● 안부전화 통화 등		● 임무수행 요령 집중지도(분대장) ● 입대 100일 행사 ● 위로휴가 실시
심리적인 안정 / 동화		적　　응		자신감부여

※「전입 100일 행사」→ 「입대 100일 행사」

④ 자신감 부여를 통한 부대 조기 적응유도

- 장점을 발견하여 활용하고 공개적으로 칭찬과 격려
- 가능한 임무부여후 성취감 고취노력
- 체육활동 적극동참(운동을 못하는 인원 제외)
- 가정과 연계하여 관리

(3) 관심부사관 상담 및 지도

(가) 관심부사관

1) 대　　상

가) 부채관련자

나) 상습적인 음주추태 및 음주 운전자

다) 사생활 문란자(여자관계, 도박, 기타)

라) 부대근무 태만 및 임무수행능력 결여자, 복무부적응자

2) 내　　용

가) 관심사항에 대한 근본적인 문제해결 노력 / 조치

- 수시면담 : 1:1식 면담, 비밀보장
- 간접면담 : 주변동료, 필요시 가족면담

나) 부채관련

- 예산관련 보직자 보직조정 건의
- 봉급 명세서, 적금통장 등으로 실상 확인
- 부대인근 유흥업소 방문 확인(외상값)

다) 일과이후 독신자숙소 불시방문 지도 / 교육
- 불건전 오락 / 무절제한 음주 행위 통제
- 복지 / 사기진작 차원 숙소상태 확인 / 보고
- 부대 생활간 애로 / 건의사항 수렴 등 의사소통 활성화

라) 개인취미 활동 및 자기 계발을 위한 지속적인 독려
- 주 · 야간 전문대학 취학 권장
- 각종 자격증 취득권장
- 체육활동 포함 다양한 취미활동 권장 / 동참

마) 근본적인 문제 부사관에 대한 신상필벌 적용 건의
- 징계 건의
- 현역복무 부적합 처리 건의

(4) 예하부대 부사관 근무요령 교육 및 선도

(가) 부사관 역할과 책임 이행 실태 수시 확인 및 교육 / 지도

(나) 하급제대 부사관 / 주임원사 임무수행상태 확인 / 감독

(다) 관심 / 초임부사관 부대 조기적응 유도(면담, 간담회)

(라) 일직근무 실태 확인 / 지도

(마) 부사관으로서의 근무자세 및 품위유지 등에 대한 선도

1) 부사관단 자정활동 활성화

가) 자정위원회(선도위원회)구성 운용(사 / 여단급 제대)
- 문제부사관 선도 / 교육
- 위원회 심의후 현역복무 부적합심의 건의

나) 조직에 의한 책임제 관리 / 부사관에 의한 사고근절

책 임	중(포)대 행정보급관	대대 주임원사	연대 주임원사	사(여)단 주임원사
대 상	중(포)대 보직된 부사관	● 중대 행정보급관 ● 대대참모부 업무 담당관	● 대대주임원사 ● 직할중대 행정보급관 ● 참모부 업무담당관	● 연대 / 직할대 주임원사 ● 직할대 행정보급관 ● 참모부 업무담당관
내 용	● 중대부사관 출 / 퇴근 실태확인 ● 전담업무수행 감독 ● 퇴근후 / 휴무일	● 대대부사관 출 / 퇴근 실태확인 ● 수시 독신 부사관 숙소 실태확인	● 부사관 활동지도 ● 전담업무 수행 감독 ● 문제부사관 관리 및 선도	● 부사관 활동 지도 ● 전담업무 수행 감독 ● 문제부사관 색출 / 조치

책 임	중(포)대 행정보급관	대대 주임원사	연대 주임원사	사(여)단 주임원사
	부사관 동향 확인 및 필요사항 조치 • 신상관리 / 사생활 지도 및 인성교육	및 필요시 조치 • 전담업무수행 감독 • 신상관리 / 사생활 지도	• 인성교육 / 사고 근절 토의 • 신상관리 및 사생활 지도	• 부사관 관련 사고 사례 전파 / 교육 • 신상관리 및 사생활 지도

※ 부사관은 부사관단에서 육성하는 체제유지

2) 전 부사관에 의한 1일1건 불안전요소 발굴 및 조치

가) 내　　용

- 부사관들에 의한 1일 1건 불안전한 요소 발굴 및 조치
- 주요사례 상급제대 보고 및 전파 / 교육
- 상향식 결산 활성화

제대 \ 내용	중 대	대 대	연 대	사 단
결 산 / 실적유지	• 행정보급관 주관 결산 • 주요사례 부대 일지기록	• 대대주임원사 주관결산 • 주요사례 종합/ 전파	• 연대주임원사 주관 결산 • 주요사례 종합 지휘관보고후 하달	• 사단주임원사 주관 결산 • 주요사례 종합 보고 • 애로 및 건의 사항조치
시 기	중대일일결산시	주 1회	2주 1회	월 1회

※ 행정적인 활동지양 / 성과위주활동 ⇒ 사고감소

Leader(지휘통솔자)가 영원불멸의 원칙에 바탕을 둔 품성과 역량을 계발하고 모범을 보일 때, 부하와 동료는 그 리더를 신뢰하고 따르게 되어있다.

- 스티븐 코비(Stephen R. Covey)

첫인상은 군생활을 좌우한다.

부대의 첫인상을 좋게 하라!!!

마. 복지 및 사기

(1) 부사관, 병의 기본권 보장을 위한 활동 및 건의

- 기본권 보장에 따른 착안사항

부 사 관	병
휴가 및 정기외박 실시 여부 출 / 퇴근 시간 준수 여부 각종 근무후 휴식 보장 실태 일과 이후 자유시간 보장 실태 휴무일 보장 실태	각종휴가(정기 · 포상 · 위로)시행실태 성과제 외출 / 박 시행실태 공정한 경계근무 편성실태 일과이후 자유시간 보장실태 종교 활동시간 / 여건 보장실태 각종 장비, 보급품 지급 실태

- 확인방법
  - ○ 의사소통을 통한 의견 수렴 / 실태 확인(면담, 간담회, 설문수렴)
  - ○ 현장 지도 · 순찰을 통한 확인(잘못된 점 지도 및 교육)
  - ○ 참모부 부사관을 통한 실태 확인
- 결과조치
  - ○ 시정 조치 및 요구사항 분석 조언 / 보고
  - ○ 담당관(행정보급관, 실무담당관)실무지식 결여로 조치 미흡시 교육
    - • 관련규정 · 지침 / 업무수행요령 집중지도 및 교육
  - ○ 불평불만 간부 · 병사교육(조치계획, 이해 / 당부)

    ※ 전투력 상승의 중요사항으로 모든 역량 집중 확인 / 조치

(2) 초급간부 관리시 유의사항

(가) 주기적인 저축실적을 확인

(나) 등 분수에 맞는 생활 유도

(다) 주기적인 간담회 정례화

(라) 이성관계, 음주습관 교우관계 확인

(마) 건전한 취미, 오락 등 보장

(바) 자신이 부대에서 중요한 존재로 인정받을 수 있도록 기회부여

건전한 간부 ⇒ 사생활 안정, 부대근무 성실

(3) 사기진작과 체력향상을 위한 건의 / 조언

- 삶의 질 향상을 위한 부단한 활동
  - ㅇ 독신자숙소 수시 확인 및 의견수렴을 통한 개선노력
    - 목욕시설, 세면장 난방시설 가동 및 관리
    - 문화생활 여건 개선
  - ㅇ 간부 자기계발 적극권장, 건의
    - 각종 자격증 취득여건 보장(일과이후 충분한 시간보장)
    - 전문대(주 · 야간) 취학 권장 / 학업여건 보장 건의
  - ㅇ 일과이후 여가시간 활용여건 건의
    - 일과시간내 결산 및 퇴근시간 보장
    - 미혼간부 식사여건 보장
    - 휴게실 설치 / 보완을 통한 자유시간 활용여건 보장(PC설치 / 활용, 독서, 기타 개인 취미활동)
- 부사관단의 단결과 사기진작 활동 적극시행
  - ㅇ 부사관 단결활동 : 체육대회, 성과분석 회의, 단결회식 등
  - ㅇ 부사관단 전적지, 유적지 답사(등산병행)
    - 부사관단 전체, 계급별, 제대별
  - ㅇ 부사관단비 효율적 활용(투명성 확보)
    - 자녀 장학금수여, 불우 부사관 지원, 각종 경연대회 격려 / 포상 등
- 부대내 체육시설 확보 / 관리
  - ㅇ 상시 활용 가능토록 유지 및 정비상태 확인(운동기구)
  - ㅇ 사용간 안전 제한사항 여부 구체적 확인 / 조치
  - ㅇ 보유기준에 의한 각종 운동기구 확보실태 확인다.
    위문행사 계획 및 시행(불우이웃 돕기, 양로원 방문)
- 연간 부사관 활동계획에 반영 / 시행
  - ㅇ 불우 전우돕기(부사관, 병)
  - ㅇ 소년, 소녀가장 돕기
  - ㅇ 참전용사 돕기
  - ㅇ 사회복지시설 돕기(양로원, 고아원등)

- ㅇ 수감자 / 입원 환자 위문
- ㅇ 기타(격오지, 훈련장 등)
- ● 위문 대상자 추가 발생 및 필요시
- ㅇ 부사관단 의견수렴 및 집행위원회 결정
- ㅇ 세부 위문행사 계획 작성 / 시행
- ㅇ 계획 및 결과보고 : 지휘관, 부사관단(부사관 단비 활용시)

바. 의식행사

(1) 부대의식 행사시 준비상태 확인 / 지원사항 협조 및 조치

- ● 각관의 임무에 명시된 임무수행 상태 확인
- ● 행사준비 상태 확인
- ㅇ 행사장 설치(환경정리, 현수막, 앰프, 기타)
- ㅇ 다과회 준비
- ㅇ 각종 편의시설 확인(청결유지, 가용상태)
- ● 내빈 영접 및 안내
- ㅇ 사열대 좌석배열 / 명찰확인
- ㅇ 도착시 영접 / 안내
- ㅇ 도로안내 / 안내병 배치 확인
- ㅇ 대기실 준비 / 안내

(2) 부사관, 병 전 / 출입 및 전역 환영(송)행사 주관

- ● 부사관, 병 전입시 : 부대 조기 적응 유도

부 사 관	병
부대소개(지역특성) 지휘관 지휘의도 / 강조사항 부사관단 편성 / 활동사항 면담 / 교육 전 간부 소개 / 환영 기타 부대활동 소개	전입시 환영 / 부대소개 면담 / 교육(결과기록, 조언) 건강상태 / 애로 및 건의사항 수렴 부대생활 조기 적응을 위한 지도

- 전역시 : 부대에 대한 애대심과 군을 신뢰할 수 있도록 따뜻한 환송

부 사 관	병
근속기간에 의한 전역식 행사 (부대별 내규에 의한 시행) 기념사진 촬영 각종 관련서류, 금전, 이사관계 해결 전 간부 인사 / 환송 도열	지휘관, 주임원사 면담 후 격려 다과회 또는 동석식사 전역소감 / 인사 환송

(3) 각종 의식행사에 부사관, 병의 대표 역할 수행

- 부사관 사기 진작 행사관련 부대내규 반영 / 시행
  - 근속 30주년 기념휘장 수여 / 기념식
  - 부사관 전역행사
- 병 관련 행사를 통한 의견수렴 / 적극적인 지휘조언
  - 사기진작과 사고예방활동을 병행한 행사 적극 시행
    - 이등병의 날 행사, 입대동기 만남의 날 행사, 운전병의 날 행사 등
  - 행사진행시 동참 / 대변인 역할 수행

사. 기 타

- 부대환경 보존활동
  - 일시적인 효과를 지양한 반영구적인 환경개선 노력
  - 장기적 안목을 두고 환경개선(유실수 식목, 수목관리, 꽃길 / 화단조성)
  - 신축 및 보수공사시 개선방안 조언
  - 편의시설 / 문화적 공간 확보 노력
  - 안내간판 정비 / 보이지 않는 곳 정리정돈
- 부대전통의 계승유지 및 발전업무 수행
  - 부대 전통계승 노력(산증인)
    - 업무에 대한 책임감, 동료 간의 협조자세, 희생정신, 자기계발 노력 등 전문직업 윤리의식 구비
    - 부대규정과 방침, 관습을 계승하고 발전시키는 주인의식 견지
    - 부대 전통에 대한 자료정리 / 존안을 통해 홍보할 수 있는 능력 구비

ㅇ 대민관계 유지 노력
- 대외 행사 및 친선모임에 지휘관 지침을 받아 부대 대표로 참석
- 지역내 경로효친활동, 자선활동 등 주관
- 유관기관(행정, 경찰)과 주기적 협조
- 훈련장 및 거점, 주둔지 일대 주민과 안전대책, 부대활동 관련사항 협조
- 부대행사시 지역주민 초청, 협조에 대한 고마움 표시
- 부대개방(가능한 범위내 운동장 및 시설이용)
- 농번기 / 수해복구 대민지원

자기혁신이란?

내가 젊고 자유로워서 상상력에 한계가 없을 때,
나는 세상을 변화시키겠다는 꿈을 가졌었다.
좀더 나이가 들고 지혜를 얻었을 때
나는 세상이 변하지 않으리라는 것을 알았다.
그래서 내 시야를 약간만 좁혀 내가 살고 있는
나라를 변화시키겠다고 결심했다.

그러나 그것 역시 불가능한 일이었다.

황혼의 나이가 되었을 때 나는 마지막 시도로,
나와 가장 가까운 내 가족을 변화시키겠다고 마음을 정했다
그러나 아무도 달라지지 않았다.

이제 죽음을 맞이하기 위해 누운 자리에서
나는 문득 깨닫는다.
만일 내가 내 자신을 먼저 변화 시켰더라면,
그것을 보고 내 가족이 변화되었을 것을.

또한 그것에 용기를 얻어 내 나라를 더 좋은 곳으로
바꿀 수 있었을 것을.
그리고 누가 아는가, 세상까지도 변화되었을지...

제2절 행 정 보 급 관

1. 개 요

- 중대장의 지시를 받아 근무, 중대장 보좌, 중대원의 사기, 복지, 단결, 사고예방, 신상 파악 등 병영생활 전반에 대한 사항을 중대장에게 조언 및 건의
- 중대 본부요원 신상관리 전담, 임무수행 통제, 중대 부사관의 업무지도 및 선도
- 병 인사관리에 대한 계획수립 및 시행
- 교육훈련시 제반사항 지원, 전담과목 교육
- 시설, 장비 및 보급품 관리
- 기타 행정업무

◈ 행정보급관 자세 ◈

- 자신의 직무에 정통
- 소부대 전투기술 교관능력 구비
- 병영의 핵심 관리자
- 부대전통 계승자

사기가 저하된 부대는 아무리 지략이 뛰어난 장수가 지휘하여도 싸워 이기기가 쉽지 않다.

2. 역할과 책임

가. 중(포)대장 보좌

(1) 전투준비태세 유지 감독 및 조치 후 보고

(2) 병 및 부사관 분야에 대한 문제점 파악 및 조치 건의

(3) 소대별 전투력 및 사기수준, 소대장과 부소대장과 관계 등 파악조치(보고)

(4) 장비, 탄약, 물자현황 및 제한사항

(5) 지형 / 기상 민간관련 첩보제공

(6) 부대 진단 후 사기 / 복지, 군기, 단결 등의 사항과 사고예방 대책에 관한 사항

(7) 기타 중(포)대 운용에 관한 제반 특기사항

나. 병 인사 관리

(1) 병 보직, 포상

(가) 전입병 최소 소대 분류 계획보고 및 소대의 의견 수렴후 해당 소대 해특기 직위보직 부여

(나) 비인가 / 위규 보직자 보직 조정

(다) 특기 변경 사유 발생시, 상급부대 특기 변경 상신

(라) 예하소대 포상 대상자 종합보고 및 포상 조치

(2) 병 진급, 징계(간사 임무수행)

(가) 병 진급 심사계획 수립, 진급 심사 위원회 개최

(나) 징계 위원회 개최 준비

(다) 진급, 징계 심의 결과보고 / 인사조치

(3) 병 기본권(외출, 외박, 휴가)

(가) 외출, 외박

1) 중대장의 지침을 받아 각 소대 외출, 외박 인원의 건의를 검토하여 대상인원을 결정 시행후, 중대장 구두보고
2) 부모면회 등 병사 개개인의 청원 외출, 외박은 선 조치후 중대장 결과보고
3) 독립소대의 병 공용 외출 승인
4) 내무생활 저해병사 및 군기 위반 병사의 외출, 외박 조정 및 기본권 제한
5) 포상에 의한 외출, 외박은 중대장 지침에 따라 중대장 결재후 시행
6) 증명서 발급(발행관으로 실인 날인)
7) 병 휴가, 외박 및 복귀자 신고

- 일 과 시 간 : 행정보급관(신고준비 : 행정병)
- 일과시간 외 : 중대 당직사관(신고준비 : 행정병)

(나) 휴 가

1) 연 가 : 휴가 서열표에 의거 월간 계획 수립 / 시행
2) 청원휴가 : 사유 발생시 명령발령 상신 등 필요한 조치
3) 포상/위로 휴가 : 교육훈련 및 내무생활 우수자의 포상계획 수립/시행

※ 연가 / 청원 휴가 전담 시행, 포상 / 위로 휴가 중대장 지침에 의거 시행

다. 사고예방 및 복지

(1) 병 신상 파악 / 사고예방

(가) 병사들의 신상파악 전담(전입병, 중대 본부인원, 보호 / 관심병사 중점관리)

(나) 출타 / 복귀자의 면담 및 조치

(다) 전입병의 면담 및 부대소개 교육

(라) 부대 사고예방 활동 및 적절한 조언

(2) 내무생활 지도

(가) 규정에 의한 내무생활 실태의 확인 감독

(나) 종교별 신자 현황 파악 및 활동 여건 보장

라. 교육훈련

(1) 부사관 및 분대장의 교관 임무수행 능력 점검 및 지도

(2) 병 및 주특기 훈련에 대해 부소대장이나 분대장의 훈련실시 감독 및 평가

(3) 충 · 효 · 예 교육, 주특기, 사고예방 군기유지 등에 대한 교육 및 평가

(4) 중대 및 소대급 교육훈련시 필요사항 확인 및 지원

(5) 중대 전술훈련간 중대장 조언

(가) 인원, 장비, 물자, 탄약운용에 관련 사항
(나) 훈련준비 수준 및 결과
(다) 지형 및 기상, 민간인 관련 사항과 훈련사례 등

(6) 훈련간 단계별 상황에 따른 전투근무 지원 지도

(7) 훈련시 현장지도

(가) 병 및 부사관의 임무수행 상태 확인 및 지도
(나) 장비 및 물자, 탄약 관리
(다) 전장군기 및 야전수칙, 위생감독
(라) 훈련간 편의시설 및 복지대책 강구
(마) 특수한 임무를 수행하는 소대 및 분대의 임무수행 상태 지도 및 지원
(바) 현장지도 결과 문제점이나 특이사항 보고 및 조치
(사) 교육훈련 우수자 선발 포상 건의
(아) 훈련 후 사후검토 및 부대정비 현장 감독
(자) 교범 및 교육자재 관리

마. 시설물, 장비 및 물자관리

(1) 시설물 관리

(가) 중대 시설물 관리 및 보수 유지
(나) 소화기 / 방화기구 관리
(다) 전기, 난방, 급수시설 관리
(라) 격별 보수비 사용계획 수립 및 시행
(마) 중대원의 복지 / 사기 계획 수립 및 건의

(2) 장비 및 물자관리

(가) 군수품 관리법 시행령 개정전까지 분임물품 운용관으로서의 임무수행
(나) 격별 보수비 사용계획의 수립 및 집행
(다) 일품검사 / 정비 계획의 시행
(라) 유사시 즉각 사용 가능토록 가용상태 유지 및 Set화 Package화

바. 기　　타

(1) 행정 근무편성

(가) 주둔지 내 외곽 경계근무 및 불침번 근무 편성 / 시행
(나) 중대 일일 암구어 수령 / 전파 여부 확인 감독
(다) 당직근무(일직근무) 및 독립 중대급 위병 근무 편성 계획보고 /시행

(2) 부대일지 작성 및 유지에 대한 확인 감독

(3) 일상행정 업무

(가) 중대 관인 관리
(나) 각종 중대 행사 준비(신고, 행사)
(다) 중대 비치 서류 관리 및 기록 유지
(라) 군기교육대 입교 인원 선정, 건의

(4) 금전 출납 업무

(가) 제반 금전 출납 사항보고 / 결재

(나) 각종 급여 개인별 지급 및 관련 증빙서류 근거유지

(다) 중대장 지침하 중대 운영비 사용 및 통장 관리

(라) 병 개인통장 통합 보관 및 관리

3. 세부 수행지침

가. 병 인사관리

(1) 일일 병력현황 확인 / 기록

- 관련규정 숙지(부대일지 작성방법)
  - 작성방법 : 부대일지 “병력현황”란
  - 작성시기 : 매일 일조점호 후 부대일지에 기록
  - 군무원 보직현황은 맨 밑 공란에 기록
- 행정보급관은 출근후 부대일지를 확인하고 병력현황을 매일 09:00까지 유선으로 대대 인사과에 보고
- 전 간부는 제반업무 수행간 우선적으로 병력 이상유무를 확인할 책임이 있으며 군무이탈, 주요환자 발생, 병력 신상에 이상징후 발견시는 인지 즉시 지휘관에게 보고
- 일일 병력보고는 중대 전투력 수준의 기초자료로 활용

(2) 병력 예상손실 판단 / 보충

- 관련규정 숙지(육규 116 부사관 복무규정)
  - **병력 예상손실 판단 및 편제된 병력수준 유지 손실에 대한 보충 전망을 정확히 파악하여 항시 100%의 편제된 병력수준을 유지해야 한다.**
- 행정보급관은 전입병의 해특기를 고려, 최초 소대 분류계획을 중대장에게 보고하고 중대장의 지침을 수령하여 보직부여 계획을 수립후 중대장의 승인을 받아 실시
- 행정보급관은 월 단위로 중대병력 손실인원을 판단하여 대대 및 연대에 보고한다.

특히 핵심특기요원(공용화기 사수, 통신병, 운전병 등)의 예상손실에 대해서는 중대장에게 보고

- 행정보급관은 1개 분기 후의 분대 및 소대 보직병력 수준을 분석하여 년중 균형된 전투력 유지를 위한 예측된 업무를 수행

(3) 병 보직부여 절차

- 관련규정 숙지(육규 112 병 인사관리규정)
  - ㅇ 분·소대별 균형된 병력수준 및 전투력을 유지하기 위하여 신병전입시 자질을 분석하여 보직을 부여
  - ㅇ 신병 전입시는 "나의 성장기"를 작성하도록 하고 신병교육대 시절의 생활지도기록부와 면밀히 비교 검토하여 개인의 자질과 특성을 파악
- 행정보급관은 전입병의 해특기를 고려, 최초 소대 분류계획을 중대장에게 보고하고 중대장의 지침을 수령하여 보직부여계획을 수립후 중대장의 승인을 받아 실시
- 신병 전입시 보직절차는 행정보급관이 전달하며 다음 모델을 참조하여 적용
  - ㅇ 행정보급관은 대대로부터 신병을 인도
  - ㅇ 생활지도 기록부의 "가정환경, 면담결과"와 "나의 성장사" 등을 면밀히 비교 분석
  - ㅇ 의류대 품목을 확인, 중대 소개
  - ㅇ 개인 장구류를 지급하고 영내시설물을 소개
  - ㅇ 중대장 신고, 병기수여식을 준비
  - ㅇ 중대장은 신고후 정신교육 실시와 애로사항을 파악하고 보직을 부여
  - ㅇ 중대장은 전중대원에게 신병 전입을 통보하고 소개
  - ㅇ 구타금지 서약서를 집행하고 구타를 당했을 시 "어떻게" 보고하는지를 교육
  - ㅇ 중대장(소대장)은 가정통신문을 발송
  - ㅇ 면담철을 기록(특이사항 위주)
  - ㅇ 행정보급관은 분대장에 의한 관리가 되도록 지시하고 15일간 근무를 미편성

(4) 병 특기변경

- 관련규정 숙지(육규 122 병 인사관리 규정)
  - ○ 군사특기 재분류 시기
    - 기술과 지식이 향상되어 현특기보다 우위성이 있다고 인정되는 특기를 소유하였을 때
    - 타군사특기 과정을 수료하였거나 부득이한 사유로 타특기 분야에서 실무를 통하여 유자격자로 인정되었을 때
    - 신체적 결함 또는 능력 저하로 현특기의 자격을 상실하였거나 임무수행이 불가능할 때
    - 군법 유죄 판결로 현 임무수행이 곤란한자
    - 병력 운영상 부득이한 특기 조정이 필요하거나 상급부대지시가 있을 때 군사특기 재분류를 실시
    - 한번 재분류된 자는 전역시까지 타 군사특기 재분류 금지
    - 현역병 군사특기 재분류권자

구 분	직 군 내	병 과 내	병 과 간
일반특기	연대장급 이상 (독립대대장 포함)	장관급 지휘관	장관급 지휘관
핵심특기	장관급 지휘관	장관급 지휘관	군사령관

(5) 병 진급 측정 / 심의 / 명령

(가) 관련규정 숙지(육규 122 병 인사관리규정)

- 진급 일반원칙
  - ○ 진급은 진급 최저 복무기간(제 31조)을 근무한 자로서 다음 2항의 기준에 도달하는 자는 전원(억제자 제외) 1계급씩 진급시킨다.
  - ○ 진급에 교육훈련 숙달정도와 내무생활 태도를 평가 반영한다.
  - ○ 진급은 매월 실시하며 익월 1일부로 발령한다.
- 진급권자
  - ○ 병의 진급권자는 중대장 또는 이와 동등 이상의 부대장이 된다.
- 진급 선발 우대 및 억제

- ○ 진급대상자중 아래 기준 해당자는 모범병으로 제 31조 2항에 의거 조기진급시킬 수 있다.
- ○ 진급선발 우대 및 억제기준은 2개월 이내로 한다.

- ● 진급최저 복무기간의 산출
  - ○ 현계급 진급된 날로부터 가산한다.
  - ○ 강등된 자는 그 강등된 계급에서 복무한 기간을 통산하며 강등되기 전의 계급에서 복무한 기간을 삽입하지 아니한다.
  - ○ 병력동원 소집된 자에 대하여서는 전역당시의 계급에서 복무한 기간을 가산한다.
- ● 진급시킬 수 없는 사유(비선대상)
  - ○ 군사법원에 기소, 구금 또는 복형중인 자, 탈영중인 자, 행방불명중인 자, 전공상 이외의 사유로 입원중인 자 에 해당되는 자는 그 사유가 해소될 때까지 진급 선발 대상이 되지 못한다.
  - ○ 군사법원에서 유죄 판결을 받은 자, 징계처분을 받은 자는 진급선발 대상이 될 자격을 일정기간 정지한다.
- ● 진급최저 복무기간 환산에 제외되는 기간
  - ○ 소집 병사의 예편하였던 기간
  - ○ 영창, 탈영, 복역 및 구금기간(구금중 불기소처분 또는 무죄석방자는 제외)
  - ○ 비전공상으로 입원한 기간

(6) 연가 / 공가 / 재해구호 휴가

(가) 관련규정 숙지(육규 116 부사관 복무규정, 육규 135 육군 복무규정)

구 분	내 용
연 가	● 부대여건을 고려 연간 균형있게 실시되도록 계획하여 복무기간 중 통산 35일을 1차 15일, 2·3차는 10일간씩 분할 실시 ● 하사 이상 간부 및 군무원은 **연 21일을** 본인 희망에 따라 전·후반기 또는 수회로 분할 허가한다.
공 가	허가권자는 소속부하가 다음 각목에 해당하는 때에는 필요한 기간 공가를 허가하여야 한다. ● 공무에 한하여 국회, 법원, 감찰, 기타 국가기관에 소환된 때 ● 법률의 규정에 의하여 투표에 참가하려 할 때 ● 공무상 질병 또는 부상으로 직무를 수행할 수 없을 때 ● 외국유학, 군사교육, 또는 군시설 외에서 위탁교육을 위한 시험에 응시할 때
재해구호 휴 가	허가권자는 풍해·수해·화재 등 재해시 5일 이내의 재해구호 휴가를 허가할 수 있다.

※ 휴가 출발전 확인

복장상태, 개인위생 상태, 개인 보급품의 정비 및 보관여부, 휴가비 수령 여부, 규정에 의한 개인 소지품 소지 여부, 수첩 등에 군사 기밀사항 기록 여부, 여행경로, 귀대일자 비상시 복귀요령 숙지, 각종 준수사항 및 사고예방에 대한 교육 및 숙지여부, 비상시 조치할 사항, 기타 군수품 휴대여부

(7) 포상 / 청원 / 위로휴가 실시

(가) 관련규정 숙지(육규 116 부사관 복무규정, 육규 135 육군 복무규정)

구 분	내 용
포 상 휴 가	● 군인의 의표 또는 모범이 될 공적이 있는 자에 대하여 7일 이내의 휴가를 허용할 수 있다.
청 원 휴 가	● 본인의 청원에 의한 휴가로서 다음의 경우에 실시한다. ○ 본인의 부상 또는 질병으로 요양을 요하거나 그 직계가족이 질병 등으로 본인의 간호를 요할 때에는 **30일 이내** ○ 본인이 혼인할 때에는 14일 이내 ○ 본인 또는 배우자의 직계존속이 사망한 때에는 10일 이내 ○ 기타 관혼상제 등 개인적 사유 등으로 필요시 요청할 경우는 7일 이내로 하되 이 기간을 연가에서 공제할 수 있다.
위 로 휴 가	● 훈련, 검열, 기타 특별한 근무로 피로가 심한 자에 대하여 7일 이내의 휴가를 허용할 수 있다. ● 신병 입대 후 **복무개월수 고려하여 최대 4박 5일** 이내의 **위로 외박** 실시

(8) 외출 및 외박

(가) 관련규정 숙지(육규 116 부사관 복무규정, 육규 135 육군 복무규정)

- 외출 및 외박(성과제 / 포상)
  - ○ 외출 · 외박 허가범위는 부대 병력의 1/3 이내로 함을 원칙으로 한다.
  - ○ 병사들의 외출, 외박은 포상개념에 의거 시행한다.
  - ○ 외출의 종류 : 정기외출, 특별외출, 고용외출
  - ○ 외박
    - 외박은 특별한 사유가 있거나 특별한 기간(연휴기간)에 영외에서 숙박하고 귀영함을 말하며 그 시간은 48시간을 초과할 수 없으나 공휴일이 계속될 때에는 72시간까지 허가할 수 있으며 일석점호 전까지 귀영하여야 한다.

ㅇ 외출 · 외박 성과제

- 병사의 외출 · 외박은 복무기간동안 10일 범위 내에서 성과제로 실시한다.
- 정량일수를 초과하여 실시할 경우는 그 기간만큼 연가에서 공제한다.

ㅇ 미귀자 조치

- 내무생활 지도요원은 외출, 외박자가 규정된 시간에 귀대치 않을 때는 즉시 해당 지휘관(자) 또는 당직계통에 보고하여야 하며 보고받은 지휘관(자) 또는 당직근무자는 상급부대에 보고해야 한다.
- 본인이나 기타 친인척으로부터 특별한 사유로 인해 귀대 시간이 늦어진다는 사전 통보를 받았을 때는 그 내용을 추가로 보고해야 한다.

● 면　회

ㅇ 면회는 휴일 또는 평일을 막론하고 임무수행상 지장이 없는 범위 내에서 중대장 또는 당직사관이 허가한다.(모든 입대병사는 입대후 100일 이내에는 면회 허용불가)

ㅇ 면회는 지휘관 또는 관계관이 지정하는 영내 면회실에서 실시함을 원칙으로 하나 피면회자가 장교이거나 면회자의 면회 용무가 영내에 들어가야 할 경우에는 중대장 또는 당직사관의 허가를 받아 사무실 및 기타 장소에서 면회할 수 있다.

ㅇ 면회시간은 08:00부터이며 17:00까지로 함을 원칙으로 하며 계절, 일조시간, 부대 여건에 따라 중대장이 조정할 수 있다.

ㅇ 면회실은 위병소 부근에 설치함을 원칙으로 하며 계절, 일조시간, 부대 여건에 따라 중대장이 조절할 수 있다.

ㅇ 면회실은 위병소 부근에 설치함을 원칙으로 하며 부대의 규모, 위치 상황 및 외래자의 편리 등을 고려하여 지휘관이 따로 정할 수 있다.

ㅇ 위병근무자는 면회자에게 친절히 대해야 하며 불편이 없도록 편의를 도모해야 한다.

ㅇ 위병근무자는 면회자가 면회신청을 하며 필요한 사항을 기록하고 최단시간 내에 중대장 또는 당직사관에게 보고후 조치한다.

ㅇ 위병소 및 면회실은 부대의 얼굴이므로 항상 청결하고 필요한 비품을 비치해야 하며, 면회절차 및 시간 등 안내문을 눈에 띄는 곳에 부착해야 한다.

(9) 포상계획 수립 / 시행

- 관련규정 숙지(육규 149 포상규정, 병영생활지도 지침서)
  - 표창비율

사단장급(여단포함)	연대장급	대대장급	중대장급
5%	7%	9%	15%

  - 중대장급 이상의 지휘관은 소속된 장병을 대상으로 표창할 수 있다.
- 행정보급관은 월간 포상계획을 수립하고 중대장의 승인을 득한 후 각 소대에 하달한다.
- 행정보급관은 주요훈련, 군기유지 우수자, 모범이 될 만한 공적이 있는 병사를 적시에 포상하여 그 효과를 극대화하도록 한다.
- 상급부대 표창이 할당되어 대상자를 건의시는 공적이 뚜렷한 자를 중대 회의를 통해 공개 심의하여 건의한다.

(10) 징계계획 수립 / 시행

- 관련규정 숙지(육규 189 징계규정)
  - 징계관리

징계권자	징계혐의자 범위	징계범위
사단장	영관급 이하 장교, 준사관, 부사관, 2급이하 일반군무원 전 기능 군무원	중, 경징계
연대장	영관급 이하 장교, 준사관, 2~6급 일반 군무원, 1~6등급 기능군무원	경징계
	부사관, 7급 이하 일반군무원, 7등급 이하 기능군무원	중, 경징계
대대장	부사관, 7급 이하 일반군무원, 7등급 이하 기능군무원	경징계

나. 사고예방 및 복지

(1) 신상관리

(가) 관련규정 숙지(병영생활지도 지침서)

- 병사 신상파악을 실시하여 등급별로 구분하여 효율적인 관리를 한다.
- 생활지도 기록부는 대외비에 준하여 관리한다.
- 중대원의 애로 / 건의사항을 수렴하여 조치한다.(소원수리 / 설문접수)

(나) 면담시 유의사항

• 최대한 개인 접촉을 하라	• 공감적 경청을 하라
• 분명하고 적절한 표현을 하라	• 부하를 설득, 이해시켜라
• 부대에 설치된 홈페이지를 최대한 활용하라	• 사랑의 전화, 마음의 편지 등을 활용하라
• 동향, 동일 취미자를 최대한 활용하라	• 인간적 신뢰와 인간관계를 구축하라

(2) 관심병사 지도 요령

- 정기 및 수시 접촉시(훈련, 근무, 작업시) 면담
- 간접 면담(군목, 군의관, 주임원사, 후견인, 동기)
- 관련 간부 및 병과의 자매 결연
- 기타 개인 특성에 부합되는 지도방법 강구

(3) 사고예방 조치

예 방 중 점	착 안 사 항
병영생활 행동강령	• 일체의 집합, 지시, 얼차려, 암기강요, 군기교육 여부
구타 / 가혹행위 사항	• 정신적 / 육체적 / 물리적 제재 여부 • 비정상적 언행 및 비상식적 하급자 대우
부대 운영, 훈련간 취약요인과 대책	• 부대활동 / 훈련간 안전위해요소 여부 • 병영시설 / 지휘사각 지역 안전성 여부
신 상 파 악	• 가정 및 이성문제 • 정신적 / 육체적 고충자 유무
부대발전 착안사항	• 부대발전 제안사항 / 안전착안 사항 • 명랑한 병영생활 자율적 보장 내용
애로 / 건의사항	• 제대별 자체 지휘조치 불가 사항 • 부대활동간 선행자 포상

(4) 사고발생시 보고 / 처리

- 관련규정 숙지(육규 139 사고예방 및 안전관리, 육규 146 사고후속처리 규정)
- 행정보급관은 사고발생시 신속하게 중대장에게 보고하고 상급부대와 지원 헌병계통에 보고하여 필요한 조치를 신속하고 효과적 조치

- 확인되지 않은 내용들을 추정하여 보고해서는 안되며 사고에 대해 언론 기관 등에 창구를 단일화하기 위하여 사단 정훈공보부로 문의하도록 조치하고 유언비어를 방지하도록 중대원을 교육
- 사고에 대한 중간, 최종결과보고를 중대장의 지침을 받아 보고할 수 있도록 조치하고 중대장의 승인을 득한 후 보고

※ 사고 발생시 유의사항

- 수사관의 조언을 듣고 유가족과의 대화 채널을 하나로 유지
- 유가족에 대한 홍보, 적극적인 조치 노력과 최선을 다하는 자세를 견지
- 현장의 최초 인식은 군의시각으로 맞추고 사안이 다른 방향으로 악화되는 것을 방지
- 사건 발생시 허위보고 / 은닉 행위 금지

의혹근절 → 신속한 상황보고, 사후대책반 구성, 유가족과 긴밀한 협조

(5) 임무분담제 / 내무 부조리 척결

(가) 관련규정 숙지(육방침 52호)

1) 개인임무 : 개인이 수행

- 개인피복 세탁 / 정비
- 개인 위생 / 이발
- 관물 정돈
- 침구류 정돈
- 개인화기 손질 / 관리
- 개인 장구류 / 보급품 관리
- 전투화 손질
- 불침번 근무 등

2) 공통임무 : 내무실 단위로 수행

- 내무실 청소
- 공용화기 / 장비손질
- 청소도구함 관리
- 작업도구 수령 / 정비
- 교보재 수령 / 반납
- 어항 물갈이
- 화장실 청소
- 실외 담당구역 청소
- 폐자원 분리 / 수거
- 오물장 청소

• 식사준비 / 수령	• 탄약수령 / 반납(간부)
• 총기수불 / 잠금(간부)	• 기　타

(6) 전입병 동화계획

(가) 관련규정 숙지(육방침-57호, 육지침-36호)

(나) 단계별 신병관리절차 적용

구　분	세　부　내　용
1 단 계 (1주차) : 심리적 안정 및 동화단계	• 신고 / 면담 / 보직부여 • 병기수여식 / 환영행사 / 건강진단 • 전입신병 교육 : 내무생활 요령 / 핵심과제, 규정 / 방침 • 지휘관 가정통신문 발송 • 부모님께 효도편지 쓰기 및 전화통화 실시(중대장 통제하)
2 단 계 (2~3주차) : 적응단계	• 전입신병 간담회(제대별) • 개인능력에 부합된 임무 부여(교육훈련 등) • 내무생활 / 교육훈련 정상적으로 동참 　○ 내무생활 임무분담제에 의한 임무 부여 　○ 경계근무 투입(부분대장 / 모범병과 통합) • 다양한 채널에 의한 신상관리 　○ 설문조사, 이등병의 날 행사, 대화의 광장, 교우도식, 부대 일지 등 활용
3 단 계 (4~8주차) : 자신감 부여	• 기본 임무 수행요령 집중 지도(주특기) • 신병 「입대 100일 행사」 실시 • 위로휴가(4박 5일)

(다) 행정보급관은 다음내용을 착안하여 잘못된 관행을 방지하도록 해야 한다.

- 전입신고는 행정보급관이 간략히 신고연습만을 시킨후 중대장에게 신고 중대 행정병, 소대 선임병에 의한 신고요령이 미숙하다는 이유로 목청이 쉬도록 연습을 시키는 행위는 금지
- 복무신조, 내무실 병 서열, 군가 등을 암기하도록 하는 행위와 병사에 의한 점검 등이 이루어지지 않도록 한다.

(라) 신병 전입시 조치사항

- 전입시 환영 도열하고 내무실에는 신병환영 문구를 부착
- 전부대원이 고운말 사용

- 장난 섞인 질문을 금지
- 의식주 및 생리적 욕구를 우선적으로 해결
- 관물대에 사진 관물 정돈 및 명착을 부착
- 온수목욕을 하여 심신의 피로와 긴장감 해소

신병의 마음을 잡는 열쇠는 애정과 관심이다.

(7) 위생관리

(가) 취사장 / 식당

1) 취사장

가) 조리시 취사복, 취사모, 앞치마 등 규정된 복장 착용

나) 취사기구 / 조리용 장비는 매 취사 전 · 후 삶거나 소독

다) 도마 같은 육류용, 어패류용, 채소류용으로 구분하여 사용

라) 칼끝은 둥글게 하고 잠금장치후 보관

마) 창문 / 잔반통에 방충망 설치

※ 식당환경 및 급식 향상 조치사항

- 밝고, 깨끗하고, 쾌적한 분위기를 조성하라.
  - 취사장 / 식당 내부도색, 벽면미화, 조명, 환기, 냉 · 난방 시설개선
  - 식기세척장, 잔반처리통 청결유지, 오 · 폐수 시설설치, 소독
- 급양관리관 / 취사병을 엄선, 스스로 보람을 갖도록 하라.
  - 취사병을 자대보직후 위탁교육(2주)
  - 취사병 편의시설 구비, 각종포상 / 격려활동 활성화
- 철저한 수납 검사를 통해 양질의 식단을 제공하라.
  - 주 · 부식 수령시 규격 / 정량 미달품 즉각 반납조치 → 유효기간 확인 철저
  - 하절기 냉동식품은 해동후 육안 / 정밀검사, 변질여부 판단조치
- 주 · 부식 저장관리 요령을 준수하라.
  - 선입 · 선출에 의한 저장 / 순환 급식
  - 통풍, 구충 / 구서 대책 강구
  - 하절기 수육류, 어패류는 수령 즉시 손질 후 냉동실 보관
- 부식 청구는 정확하게 하라.
  - 부식 청구서는 일보, 식수인원 통보서와 대조(관련참모 협조)
  - 매월 주 · 부식 결산시 결재 → 적 · 흑자 ±5% 이내 여부 확인
- 모든 물은 오염되어 있다. 끓인물을 급식하라.
  - 주기적인 급수원 점검, 후속조치
  - 냉, 온수기 관리철저(주기적인 내부세척)
- 미확인 식품취식 / 외부 음식의 영내반입을 차단하라.
  - 야외 훈련시 산채, 버섯, 어패류 취식금지 및 외부에서의 음식물 반입 확인

2) 식 당

가) 식탁은 항시 청결하고 건조하게 유지

나) 식당 비치물(고추장, 간장, 소금)은 뚜껑을 덮고 내용물 수시 교체

다) 식당바닥 및 식탁은 악취가 풍기지 않도록 주 2회 이상 청소

라) 하절기에는 파리, 모기 등 유해곤충 예방

다. 교육훈련

(1) 교육준비 / 시행

- 정신교육의 날 교육
  - 국방일보 표준교안(1 주전 게재됨) 및 충효예 교육 기본교재를 이용 교육 내용을 연구(표준교안에 직접 메모 정리, 별도 교안 불필요)
  - 교육 전 주 토요일 → 화요일까지 지휘관에게 교육계획 / 준비 상태를 점검받고 선 간부교육을 실시
  - 수요일 2교시 교육실시 후 그 결과를 부대일지에 기록
- 수시 / 생활화 교육
  - 각종 기념일(3 · 1절, 광복절 등), 수시(신고, 휴가 등) 계기 교육은 충효예 교육 기본교재, 상급부대 지원자료 등을 이용 교육내용을 연구하여 실시(수첩 등에 직접 메모 정리, 별도 교안 불필요)
  - 필요시 지휘관의 교육계획 / 준비 상태 점검 후 교육을 시행
- 반기 집중정신 교육시
  - 계획 수립시 행동화, 체험학습위주(견학 / 답사, 봉사활동 등)교육계획을 수립
  - 내실있는 교육을 위해 교육 준비 사열을 통해 교육계획/내용을 점검 후 교육을 실시

(2) 예비군 편성 / 자원관리

(가) 관련규정 숙지(육규 103 인력관리 규정)

- 편성책임
  - 예비군 편성을 소집부대장 책임하에 병력동원 소집명부와 소집부대 편성표에 의거 편성

- 편성대상
  - 현역 기간요원(평기병력) / 현역 전환요원 / 예비군 동원지정 자원 / 기타 보충요원
- 편성표 작성
  - 중대급 소집부대는 제 8조의 편성 대상자를 편제표에 의거 중대편성 작성 유지
  - 추가 지정된 요원을 중대 예비자원으로 편성 관리
- 지정자 관리
  - 동원지정 자원 소집부대장 및 지방병무사무소장이 공통관리
  - 동원자원관리를 위한 소집명부를 작성, 아래 기관 및 부대에서 각각 1부씩 관리

  ※ 소집 및 자원관리부대 / 지방병무사무소 / 예비군 읍·면·동대

라. 시설물, 장비 및 물자관리

(1) 월동 / 월하 준비

(가) 관련규정 숙지(사단내규 406 월하·월동 내규)

구 분	내 용
월하 준비	• 기간 : 준비(4. 1~30), 기간(5. 1~30) • 물자확보 : 4. 30한 • 장비·물자의 발청, 부식 / 곰팡이 예방 • 부식 수송 / 저장간 변질에 의한 식중독 예방 • 낙뢰로 인한 통신장비 / 해안 감시장비 피해 방지 • 기간중 예상되는 각종 안전대책 강구 / 사전예방교육
월동 준비	• 기간 : 10. 1~익년 4. 30(7개월) • 월하물자·장비 정비 후 보관 • 월동준비에 소요되는 자재는 월동 자재비로 집행 • 격오지 3종 비상물자 확보 • 장비 동파 방지 / 운용병 교육 • 시설물 방한대책 강구 / 재난 운영지침 준수

※ 치장 및 비축장비 관리

- 치장 및 비축장비 현황을 가까이 위치
- 보유장비별 "점검표"를 작성
- "점검표"를 활용하여 주기적으로 직접 확인
- 예방정비 계획을 수립하고 그대로 시행
- 진공포장이 되지 않은 장비는 순환 저장

(나) 월하 · 월동준비 계획을 수립하여 중대장 승인후 시행

- 월하 · 월동 준비계획 수립 / 보고 (3월말)
  - 월하 · 월동 준비 소요예산 판단 / 상급부대 예산 확인 ⇒ 실행가능한 계획 수립
  - 준비소요 파악 : 1 · 3종 보유량, 장비 / 시설보수 소요 등
  - 동계 / 하계 시설 · 장비 관리, 예방 정비 교육계획 포함 작성
- 계획에 의거 단계별 시행
  - 월하 · 월동 물자 정비 / 보관
  - 계절 특성에 따른 부식, 곰팡이 동파 방지
  - 격오지 1 · 3종 확보 / 부패 · 동결 방지
  - 시설물 보수 : 방충망 / 방풍막 설치, 보일러 정비, 샤워시설 보수 등
  - 월하 / 월동 물자 수령 및 보관, 불출 통제
- 월하 · 월동 준비 실적 부대일지 기록 : 예산 집행결과, 준비실적 등

(2) 시설물 점검 / 보수

(가) 관련규정 숙지(육규 474 시설관리 규정)

구 분	내 용
점 검	● 시설관리 전담관 임명(정 · 부) ● 월 1회 군수지원태세 확인의 날 행사시 시설물 점검결과 종합 / 보수소요 판단
보 수	● 계획보수 : 경제적으로 사용연수를 현저히 증가시킬 수 있는 대규모 보수 ※ 시설물 가격의 21~50%(연 1회 소요제기) ● 소규모 보수 : 대규모 보수 미연 방지를 위한 보수 ※ 시설물 가격의 4~20% 이내 ● 격별 보수비 : 시설 사용자에 의한 수시 또는 주기적인 보수 ※ 시설물 가격의 3% 이내

건물 이력카드 작성방법

이 카드는 건축된 날로부터 기록함을 원칙

- 건물명 : 용도에 의한 건물명(사무실, 내무반, 식당 등) 기입
- 건물구조 : 벽돌스라브, 브럭스레트, 브럭(벽돌)기와, 라멘조, 목조, 후리훼브, 콘센트 등으로 기입
- 건물번호 및 준공일자 : 부여된 건물번호와 해당건물의 준공일자 기입
- 건물규격 : 세로, 세로, 높이(처마도리 상단)를 표시하며 단위는 미터사용

- 인가금액 : 관급자재 예산과 원화를 각각 기록
- 보수내용 : 지붕, 천장, 외부, 내부의 도장, 출창문, 기와 등에 관하여 보수한 내용을 상세히 기입
- 시공자 및 지휘관 확인 : 보수공사 시공자 및 지휘관 서명

(3) 격별 보수비 신청 / 집행

(가) 관련규정 숙지(육규 474 시설관리 규정)

구 분	내 용
집 행 절 차	• 월 1회 시설물 점검 • 보수소요 작성(건물 예방보수 점검카드에 근거 기록) • 자금 배정시 사용계획서 지휘관 결재 • 자재 구매는 현상유지에 소요되는 품목위주 집행 ※ 완제품 / 비품, 공구 구매 불가 • 사용결과 보고 → 대대 군수장교

(나) 부사관은 월 1회 시설물을 점검하여 점검결과 / 소수 소요를 중대장에게 보고 후 격별보수비 집행

(다) 화재예방

- 누전 점검기를 확보, 점검 및 현지 시정
  - 확보기준 : 연대급 이상(독립대대 포함)
  - 모든 시설은 분기 1회 정기검사 실시, 노후시설은 주기적인 전기안전 점검 실시

  ※ 누전 점검관 임명 운용하되 우천시는 반드시 주 1회 이상 점검 정례화
- 전기선이 인입된 모든 건물에는 반드시 누전차단기를 설치
- 지역 한전과 협조 정기적인 전기 안전 점검을 실시
  - 누전, 합선, 접촉 불량 등을 수시 점검 및 노후 전선 교체
- 전 장병을 대상으로 안전규정 및 화재예방 교육을 강화
  - 용량에 맞는 전선사용 / 1개의 콘센트에 수개의 플러그 사용 통제
  - 규격 휴즈 사용 및 예비 휴즈 비치
  - 비인가 전열기 무단 사용 행위 금지
- 노후 전기선을 찾아라. 20년 이상 된 건물에는 노후된 전선이 널려 있다.
- 영내의 전기선은 주기적으로 정돈하고 전기선 인근의 수목은 봄철에 제거

(라) 건물 예방보수 점검카드 작성방법

- 예방보수 점검카드는 점검 및 보수계획 작성에 필요한 것이며, 시설 관리 전담 부사관에 의하여 점검 및 작성(월 1회)
  - ○ : 만족한 상태
  - △ : 자대에서 보수를 요하는 상태
  - × : 공병부대에서 보수 및 수리를 요하는 상태
- 건물상태 : 간단하게 현상태와 긴급보수를 요하는 사항 기입

(4) 전투장비 / 물자 · 탄약관리

- 관련규정 숙지(사단 야전예규, 군수 부록)
  ※ 장비, 물자, 탄약 관리 등
- 상급부대 계획에 의거 시행되는 장비 및 물자 / 탄약 재물조사시 부족량 또는 잉여량에 대해서는 대대로 보고하고 재산대장을 정리하여 중대장에게 보고
- 일일 일품검사시 계획된 물자 / 장비 상태를 행정보급관이 확인하고, 그 결과를 중대장에게 보고한 후 부대일지 일품검사 결과란에 기록
- 잉여물자 발견시 자체적으로 은닉하지 말고 중대장에게 보고후 대대 군수과로 반납조치
- 각종 훈련 및 작전간 망실, 분실, 훼손된 장비는 규정과 절차에 의거 중대장에게 보고후 정상적인 손망실 처리 규정에 의해 조치
- 탄약은 관리규정에 의해 관리하고, 수불시 간부(행정보급관) 입회하에 출입하며, 출입일지에 기록 / 근거를 유지
- 상급부대 월 단위 군수지원태세 확인의 날 행사와 연계하여 탄약고, 창고 등 관리 및 가동상태를 확인

(5) 총기 / 탄약 일일결산

총기관리	운영용	● 개인지급총기 : 내무분에 2중 잠금장치하 관리 / 개인지급시 간부입회하 지급 ● 영외거주자 : 행정반 및 지정된 장소에 2중 잠금장치하 관리 ● 사고자총기 : 행정반 및 지정된 장소에 2중 잠금장치하 관리
	치장용	● 완편에서 감편을 뺀 나머지는 진공 포장후 봉인 / 밴딩 실시 ● 치장 박스 외부에는 총기 탁본, 총기(박스) 무게 표시 ● 치장용 장비 해체시 사단장급 이상 지휘관 승인하 실시

탄약관리	B/L탄	● 봉인·밴딩된 상태에서 탄종 / 로트별 구분저장 관리 ● 상자가 연결 봉인지(창호지) 부착관리 점검 ○ 봉인 철선 꼬임상태 확인 : 2가닥 연결 여부 ○ 밴딩클립 연결부분 견고성 확인(상단박스 손으로 밴딩줄 당겨서 확인)
	교 탄	● 탄약고내 B/L 탄과 구분 저장 관리 ● 낱발 관리 ○ 낱발단위 상자는 내부에 실명제카드 보관 / 외부종이봉인(육지침 03-22호 적용) ○ 낱발은 낱발보관함에 관리하되 낱발보관함은 외부에서 보일 수 있도록 제작 설치
무기/탄약고 출입시 주의사항		● 관리관 포함 2명 이상 출입 ● 지휘관에 의해 출입승인시 출입 ● 인화물질 휴대 금지
잠금장치관리		● 자물통 규격 : 5mm이상 운영 ● 출입문 잠금장치 : 2개소(2종), 자물통 작동상태 확인

(6) 물 자 관 리

(가) 관련규정 숙지(육규 466 상근예비역 군수지원 규정)

● 물자 보관 / 관리
○ 예비군 군수품은 단위부대 저장관리 원칙
○ 보관시설 부족 또는 작전상의 이유로 필요할 때에는 수임군부대장 승인하에 인접 단위 부대별로 일정장소 통합관리

(나) 행정보급관은 무기 / 물자에 대해 대대 군수장교와 재산대장 일치여부 확인
※ 무기 / 물자 보관장소 / 상태 / 수량 실셈 확인

(다) 행정보급관은 주 1회 이상 물자정비 실시하며 중대장은 감독 / 확인

(라) 행정보급관은 월 1회 전투지원태세 확인의 날에 미비한 분야에 대해 보완하고 중대장은 감독 / 확인하며 군수장교는 최종 감독 / 확인

마. 기 타

(1) 대대/중대 부대운영비 관리

(가) 관련규정 숙지(육지침 제 02-111호, '03 부대운영비 집행)

- 사용지침
  - ○ 소대단결 활동
    - 훈련 복귀후 회식
    - 계급별 간담회(분대장~이등병)
    - 전투체육 활동후 다과 및 음료회식
    - 전입신병 환영
    - 전역자 환송 행사
  - ○ 격려활동
    - 야간 순찰시 근무자 격려(커피, 과자, 껌)
    - 생일자 축하(케익, 도서 등)
    - 진급자 축하 선물(모자)
  - ○ 기타활동
    - 포상 / 위로 휴가자 여비 지원
    - 기념사진 촬영
    - 불우병사 관리
    - 면담 (음료수)
    - 자유 토론식 교육(다과, 음료)

원칙중심 리더들의 8가지 특성

1. 끊임없이 배운다.
2. 서비스 지향적이다.(베푸는 자의 삶)
3. 긍정적 에너지를 발산한다.
   (긍정적 자성 예언 - 칭찬 / 격려 / 인정 = Encouragement)
4. 다른 사람을 믿어준다.
5. 균형 잡힌 삶을 산다.
6. 인생을 도전과 응전의 장으로 여긴다.
7. 시너지(Synergy)효과를 활용한다.
8. 자기쇄신을 위해 노력한다(전문서적을 10권 이상 탐독한다).

제3절 부 소 대 장

1. 개 요

- 소대장의 지시를 받아 근무, 소대장 보좌, 소대장 유고시 대리임무 수행
- 병 인사관리 업무(보직, 진급, 포상, 징계, 외출 및 외박 소대장 승인 후 중대(행정보급관)에 건의
- 병 기본과제 및 주특기교육 전담
- 중대 행정보급관의 지시를 받아 소대관리업무 전담
- 소대원 애로사항을 파악후 소대장에게 보고 및 행정보급관에게 건의
- 분대장 지도
- 각종 장비와 보급품을 사용 가능한 상태로 유지

◈ 부소대장 자세 ◈

- 자신의 직무에 정통
- 소부대 전투기술 교관 능력 구비
- 부하에게 정성을 다하는 근무자세
- 행동으로 실천

사기가 저하된 부대는 아무리 지략이 뛰어난 장수가 지휘하여도 싸워 이기기가 쉽지 않다.

2. 역할과 책임

가. 소대장 보좌

(1) 병 신상관련 특이사항, 병력의 특성을 고려한 보직
(2) 소대 사기 / 군기 실태
(3) 전투준비태세 수준, 장비 / 화기, 탄약 현황 및 상태
(4) 소대 계획 수립 시 참여
(5) 각종 훈련 사례, 지형 및 기상이용 등

나. 병 인사관리

(1) 전입 신병 보직 부여안을 소대장 승인후 중대에 건의
(2) 모범용사 진급 및 포상 인원을 선정하여 소대장 승인후 중대에 건의
(3) 병 진급 및 징계위원회 심사 위원 임무수행
(4) 소대원 청원, 위로휴가 인원 중대에 건의
(5) 소대원 외출, 외박 인원을 선정하여, 소대장 승인후 중대에 건의

다. 교육 훈련

(1) 병 기본훈련 중 지정된 과제와 과목을 측정식 합격제를 적용 훈련 실시
(2) 교육훈련 측정결과 개인생활지도 기록부에 기록유지
(3) 훈련 및 평가지침서를 활용하여 분대단위 훈련 / 평가 실시
(4) 담당과목에 대한 교보재 준비 및 교장 확인 등 교육준비
(5) 소대장이 지정한 분대 지휘 및 특정 임무 수행
(6) 조교 운영계획 수립 / 임무 수행능력 확인
(7) 소대원 개인임무카드 숙지 / 수행 능력 지도
(8) 훈련간 안전대책 강구 / 군기유지
(9) 훈련 후 AAR실시(참석), 훈련결과 유지 / 보완

라. 부대 관리

(1) 전투준비태세 유지

(가) 병 주특기 / 전투기술 고려 소대 편성

(나) 화기, 물자, 장비 가동상태유지 및 Set화 Package화

(다) 수리부속확인 및 준비, 군장검사

(라) 물자분류시 조편성 및 임무 숙지 확인

(마) 개인 임무카드 보완

(바) 지정된 전투준비 임무수행(장애물, 대전차 특공조 등)

(2) 소대원의 개인생활지도 기록부에 기록부 작성 및 보관 관리하고, 신상파악(면담)결과를 정기 또는 수시로 소대장에게 보고, 조치가 필요한 사항은 행정보급관에게 해결방안 건의

(3) 전입신병 100일 지도

(4) 소대원의 사기 / 단결 증진을 위한 활동 및 건의

(5) 소대원 종파별 신자 현황 파악 / 종교활동 여건 보장

(6) 군인 기본자세 지도 / 감독

(7) 소대원 내무생활 임무분담제도 이행실태 지도

(8) 소대원 위생관리 전담

(9) 재활용품 분리수거 / 폐품 처리

(10) 중대 행정보급관으로부터 위임받은 소대 분임 물품운용관 임무 수행

(가) 보급품 수령 및 불출

1) 할당된 소모품의 수령과 지급 확인

2) 사고자(휴가, 출장, 입실)의 보급품 반납 확인

(나) 소대 보급품 및 장비의 현황 파악 및 건의(요 정비품, 망실품)

(다) 보급 및 장비손질 상태 점검

1) 개인 / 공용화기의 손질 및 보관상태 확인 감독

2) 시설물 관리

가) 소대 막사 시설보수 소요 건의 / 정비

나) 소화기, 방화기구 관리 및 정비 건의

다) 전기, 난방, 급수시설 관리상태 점검 및 보수 건의

라) 소대 시설물 안전점검 및 보수 건의

마) 부대 울타리 / 경계 시설물 점검 및 보수 건의

바) 소대 군기유지 / 사기앙양 대책 강구

(라) 기 타

1) 각종 신고 대상자 복장 및 용모 확인 / 지도

2) 소대원 행정근무 편성(작전 및 경계명령 : 소대장)

3) 각종 인솔(차량, 병력) / 공사

4) 위험 예지

- 목 적
  - ○ 임무수행간 예상되는 사고를 사전에 염출하여 이를 전원이 복창함으로써 경각심은 물론 예상되는 사고를 미연에 대비
  - ○ 각종 작업, 교육훈련, 기타 임무를 수행할 때 위험예지 훈련을 실시하여 부하들에게 경각심을 주입하고 염출된 사고를 미연에 예방
- 적용요령
  - ○ 부대 출발전 병력을 집합시킨 후 임무를 설명
  - ○ 임무수행간 예상되는 위험요소를 병사들이 염출하여 발표
  - ○ 소대장은 주요 위험요소에 대하여 다시 한번 강조한 후 예방대책을 설명
  - ○ 이어서 주요 위험요소 예방대책을 결정한 후 선임자 선창하여 전원이 복창
  - ※ 임무 수행간 위험요소 발견시는 계급에 관계없이 인지한 장병이 먼저 전파 및 조치 후 보고

3. 세부 수행지침

가. 병 인사관리

(1) 보호 / 관심병사 관리

- 관심병사 분류
  - ○ 주요 관심병사 대상
    - 결손가정 출신병사(고아, 조부모, 편부 및 편모 슬하 성정 등)
    - 정상적인 교육 미필 병사(검정고시, 야간학교, 정학 및 퇴학 경험자 등)
    - 친구가 없고 입대전 직업관계에서 일정치 않거나 유흥업소 근무자
    - 이성관계로 고민중인 병사

- 신체허약자로 교육훈련 부적응 병사
- 고질적인 질병 보유 병사(관절병, 디스크, 사시 등)
- 운동권에 소속한 자(이념)

○ 분류 시기

- 전입시 가족분석 및 면담결과 관심을 요할 경우
- 참모장교 및 병의 간접 면담 결과 관심을 요하는 병사
- 휴가, 외출 및 외박 후 면담 결과 이상 발견시
- 기타 후송 복귀 등 주요 신상변동으로 관심을 요하는 경우

(가) 보호 관심병사 구분

기본관리 대상	중점관리대상	특별관리대상
문제발생 소지가 없는 인원 - 예하간부 활용, 주기적면담 및 확인	취약요인을 가진 병사로 충동적, 우발적 행동가능 인원 - 지휘관심 경주 - 가용조직 활용, 관찰 및 면담 - 분·소대장 1일 1회 이상 면담	문제발생 유경험자 및 특별한 관심과 지도를 요하는 인원 - 1:1식 밀착지도 - 상급 지휘관 의견 수렴 관리 - 1:1 담당간부 임명 / 관리

(나) 관심병사는 신상파악을 통해 다음과 같은 내용을 도출하여 예상되는 사고를 예측하고 예방활동을 실시한다.

개 인 문 제	장병 상호간의 문제	부대의 구조적 문제
● 개인신상/가정사정 ● 진로/이성관계 ● 교우문제/건강상태	● 폭행/금전거출 ● 인격모독/의사소통 ● 소외현상/부당행위 ● 비공식 조직관계	● 시설/복지 ● 보급품/기본권 보장 ● 근무/교육훈련 ● 급식

(다) 신바람 나는 병영생활 조성 착안사항

- 부대환경 조성 및 휴식공간 마련(정자, 휴게실 등)
- 내무실 안방화 : 아늑하고, 포근한 분위기 조성
- 목욕탕, 세면장, 샤워장, 이발소, 정비실 등 시설개선과 세탁기, 탈수기 등 편의품 확보
- 구충, 구서, 방역, 순회진료, 주기적인 신체검사 / 위생점검
- 다양한 체육기구 확보 및 시설관리
- 단체경기 장려 / 전원 참가 유도
- 간부 동참으로 병사 참여의식 고취

(라) 복무 부적응 병사의 행동특성

- 병영 생활간 말이 없이 생활한다.
- 혼자 있기를 좋아한다.
- 매사에 의욕이 없고 업무를 회피하며 싫증을 느낀다.
- 자신의 심리 상태를 글로 표현한다.(수양록, 개인수첩, 편지 등)
- 흥미를 상실하고 자신감이 없다.
- 행동이나 표정이 밝지 않고 항상 우울하다.
- 식사를 잘 안 하거나 의욕없이 식사한다.
- 이성을 상실한 비정상적인 행동을 한다.(폭언 · 과격행동)
- 잠을 못 이루거나 초조해 한다.
- 타인과 대화를 두려워하고 기피한다.
- 모든 부대활동이 소극적이고 폭이 좁다.

(마) 구타 / 가혹행위 발생시 조치사항

- 구타 / 가혹행위 사고가 발생시 즉각 지휘계통으로 보고(은닉, 묵인, 축소 은폐시는 강력한 처벌)
- 구타자와 피해자는 반드시 당일 보초근무에서 제외(우발행동 가능성 상존)
- 사고의 원인, 후속조치결과에 대해 중대원 정신교육
- 구타자 처벌시 피해자 보호를 고려하여 구타자가 보복할 수 없도록 전출 또는 보직 변경
- 구타자에 대한 미온적 조치는 후일 대형사고를 일으킬 우려가 있어 규정에 의해 처리

(바) 자살징후자 발견

- 자살 / 죽음에 대한 의사를 표시한다.
- 행동의 변화가 나타난다.
- 아끼던 물건을 양도한다.
- 말로 위협한다.
- 상실감이 지속된다.

(사) 변태 행위 발견 착안사항

- 지속적으로 설문 조사를 실시하라.(각종 설문시 반드시 항목에 포함)
- 예쁘장한 후임 병사는 집중 면담을 실시하라.
- 불시 취약지역 순찰(근무초소, 보일러실, 창고, 테니스장 등)을 실시하라.
- 의심 인물 있을시 은밀히 추적(야간감시장비 등 활용)하라.
- 취침시 한 침구류에서 동침(선 · 후임병)하면 의심하라.
- 주기적 신체검사(알몸검사)를 통해 신체적 피해 여부를 확인하라.(군의관 활용)

나. 교육훈련

(1) 교육훈련

- 전술훈련 전에는 반드시 지형정찰을 실시하여 안전위해요소를 제거하라.
- 전술훈련간 필수요원을 안전통제 요원으로 임명하여 활용하라.
- 항시 통신 및 연락대책을 유지하라.
- 대민피해에 따른 위험예지훈련을 강구하라.
- 활성교탄 및 전투장비는 일일점검을 실시하라.
- 전장정리는 훈련의 기본적인 요소임을 명심하라.
- 안전팀 및 순찰조를 적극 편성 운용하고, 소외된 병력이 없도록 하라.
- 훈련 후에는 반드시 강평을 실시하여 미비점을 보완하라.

(2) 행군간 안전사고 예방 조치사항

- 행군전 사전 위험요소 파악 / 안전교육 실시
  - 행군로 사전답사후 위험지역 통제병 배치(교차로, 철길 건널목, 위험한 도로, 절벽, 댐)
  - 행군요령, 행군 / 휴식간 주의사항, 인원 / 장비 관리요령 교육
- 행군 / 휴식간 철저한 병력통제 실시
  - 교통 통제병, 선두 / 후미 경계병 안전조끼 착용(형광 "X" 반도), 야간 경광봉 휴대
  - 이동차량 서행 경고 표시(선두 / 후미 경계병들이 차량 서행운행 통제)
  - 운행차량과 충돌예방을 위해 휴대장비의 과다한 외부 노출 방지
  - 위험요인 발견시 경고 / 위험전파(개인 / 제대별)

- ㅇ 휴식간 도로를 이용하거나 도로쪽으로 발 뻗는 행위 금지
- ㅇ 휴식 후 인원 / 장비 확인

※ 아스팔트 도로 행군시는 차량 위험고려 1열 종대 행군 실시

(3) 수류탄 훈련간 유의사항

- 수류탄 투척훈련전 교장의 안전성을 점검하라.
- 수류탄 처치공의 이물질을 제거해야 우발상황 발생시 사용할 수 있다.
- 훈련전에는 발생가능한 안전사고에 대한 위험예지훈련을 실시하라.
- 각개 병사의 습관(오른손, 왼손)을 파악하여 투척자세와 파지요령을 사전 철저히 교육하라.
- 우발상황 발생시 행동요령을 숙달시킨후 투척훈련을 실시하라.
- 연습용 수류탄을 이용하여 투척요령을 완전숙달후 실탄 투척훈련을 실시하라.
- 자신감이 결여되는 병사에 1:1식 교육을 실시 및 통제하라.
- 안전핀 제거한 후에는 반드시 투척해야 함을 교육하라.
- 왼손 투척자, 자신감 결여자는 별도 구분하여 연습탄으로 충분히 연습한 후에 수류탄을 투척하도록 한다.

(4) 개인화기 사격간 주의사항

- 탄약수령은 반드시 간부에 의해 실시하라.
- 낱발 실셈확인은 현장에서 병기관 입회하에 실시하라.
- 사격통제시 탄약관리 간부를 임명하고 수시로 잔탄을 실셈 확인하라.
- 사로별, 사선별 통제관을 임명후 사격을 통제하라.
- 안전검사는 책임감 있는 간부를 임명, 운용하라.
- 사격 종료시 현장에서 잔탄 및 탄피를 실셈 확인하여 이상유무를 파악하라.
- 사격간 분실된 탄피를 찾을시는 예상지역을 선정, 정밀수색을 실시하라.
- 탄피 방출 예상지역의 무분별한 인원 출입을 통제하라.
- 사격전 사로별 임명된 통제간부로 하여금 탄피 방출방향을 주시하고 사격여부를 확인하라.
- 탄피 분실시 찾을 때까지 수색하라.

(5) 불발탄 발견시 조치사항

- 발생 또는 발견 즉시 위험표시 및 경계(불발 및 유기탄에 촉수금지, 장난행위 금지)
- 해당지역 탄약 처리반에 신고(위치, 탄종, 수량, 상태를 부대에 신고)
- 탄약 처리반 출동시 불발 및 유기탄 발생 지역으로 안내
- 현지 처리시 처리반장 요구대로 안전조치 협조(가능한 안전 지대로 운반후 처리)
- 불발탄 및 유기탄 처리 후에는 위험지역 표시 및 경계 해제
- 폭발물 처리 전문요원이 아닌 어떠한 사람도 불발탄은 촉수 및 이동금지

다. 부대관리

(1) 장비관리

(가) 개인화기 관리요령

1) 장비의 올바른 사용방법과 손질요령 숙지 및 확인
2) 개인에게 지급된 장비는 임의로 영외로 반출 금지
3) 지급된 장비가 사용이 불가능하거나 손망실 하였을 경우 보고
4) 실외(야외)에서 장비 사용간 항상 몸에 지니고 직접 관리
5) 내무실 입장시 먼저 장비를 병기대에 거치/잠금장치부터 실시
6) 열외자(휴가, 입실) 발생시 장비는 구대장실로 반납

(나) 개인화기 정비

1) 사용자 정비의 중요성

사용자 정비는 장비를 운용하는 사용자가 실시하는 정비로서 장비수명을 유지하고 수리 부속품의 보급소요를 감소하게 하는 가장 기본적인 정비활동이므로 필히 실시해야 함.

※ 최소의 비용으로 최대의 효과를 얻을 수 있음.

2) 사용자 정비의 시기

- 장비의 사용 전 · 중 · 후
- 교육 전 · 후 장비상태 점검 후
- 일과중 장비손질 시간 활용(개인 정비 시간)

(다) 개인화기 정비 요령

1) 총열 및 약실

가) 총열 : 총열 손질솔을 이용, 좌회전으로 돌려 3회 정도 반복하여 탄매 제거

나) 약실 : 약실 손질솔을 이용, 좌회전으로 돌려 3회 정도 반복하여 탄매 제거

다) 표면 착색 및 손질상태 점검, 표면 철솔 사용 금지

2) 노리쇠 뭉치

가) 노리쇠 갈퀴는 총강 손질솔로 손질

나) 노리쇠를 2~3회 후퇴 및 전진시켜 작동상태 점검

다) 공이의 파손여부, 노리쇠 회전못 부위 균열여부, 노리쇠 갈퀴 손질상태 점검

3) 아래 총몸 뭉치

가) 표면착색 및 손질상태, 어깨 받침쇠 멈치 작동상태 점검

나) 표면에 철솔 사용금지

다) 총열 분리못 구멍의 확장여부, 탄알집멈치 및 용수철의 작동상태 점검

라) 공이, 용수철 마모 및 파손여부 확인

마) 조정간은 단계별로 위치시키고 방아쇠 작동상태 및 조정간 작동상태 확인

4) 가스통 및 가스조절기

가) 가스통 내부는 꼬질대에 천을 씌워 돌리면서 탄매 제거

나) 가스통은 가스조절기 결합 부분의 녹, 탄매를 집중적으로 제거

다) 가스조절기가 분실되지 않도록 관리에 주의하고 매일 녹, 먼지 제거

5) 탄 알 집

가) 손질상태 및 변형, 부식여부 점검

나) 탄알집 용수철 약화여부 점검

(라) 개인화기 정비시 준수사항(안전사고예방)

- 사격후 안전검사 필히 실시 및 정비전 안전검사 재실시
- 안전검사시 타인에게 총구를 지향하는 일이 일체 없도록 할 것
- 내무실 병기대 이중시건 상태 여부 수시 확인 및 잠금
- 총기로 장난치는 행위 일체금지(정확한 파지법에 의한 총기휴대)

(2) 총기 / 탄약 관리

(가) 총기관리

1) 총기는 군인의 가장 소중한 장비로서 자기 몸과 같이 애호하고 손질하여 항상 최선의 상태로 관리유지하고 유사시 즉각 사용이 가능토록 해야 한다.

2) 전입자에 대한 병기지급은 반드시 수여식을 거쳐서 지급되어야 한다.

3) 개인에게 지급된 병기는 반드시 소유자의 명찰을 부착하여 애호심과 책임감을 강조해야 한다.

(나) 총기 취급시 주의사항

1) 총기는 항상 소중히 취급하여야 한다.

2) 총기를 휴대하고 장난을 하거나 땅에 놓지 말아야 하며 충격을 가해서는 안된다.

3) 보관시 습기를 피해야 한다.

4) 고장이 생기면 즉각 보고하고 조치를 받아야 한다.

(3) 개인 위생관리

온열손상의 종류 및 증상, 치료 착안사항
- 일사병(열피로) : 온열손상 중 가장 흔한 형태

원인	고온에서 염분과 수분의 적절한 보충 없이 격렬한 육체노동으로 인해 탈수 및 혈액량 감소로 순환장애를 일으켜 발생
증상 / 특징	● 전신피로, 두통, 현기증, 떨림 등의 증세가 있으며 심하면 의식을 잃기도 한다. ● 맥박이 빨라지고 혈압이 떨어지나 체온의 변화는 크게 없다.
치료 / 응급처치	● 환자를 시원하고 그늘진 장소로 옮겨 발을 높게 한다. ● 피복을 충분히 벗기고 꽉끼는 피복은 느슨하게 한다. ● 환자는 등을 대고 눕히고 다리를 들어 올려준다. ● 물을 뿌려 주거나 선풍기(부채) 등으로 환자의 몸이 빨리 식게 한다. ● 식염수나 설탕물을 마시게 하거나 필요시 수액주사 → 후송치료

● 열경련 : 온열손상 중 가장 경미한 상태

원인	30℃ 이상 고온에서 수분만을 보충하여 염분 등의 전해질 부족으로 발생
증상 / 특징	● 근육(특히 다리)의 통증, 경련, 마비, 구토, 현기증, 체온은 약간 상승 ● 고온으로 인한 야간 수면 부족시 자주 발생 ● 훈련 도중 보다는 훈련 후 수시간 이내에 자주 발생
치료 / 응급처치	● 환자를 시원하고 그늘진 장소로 옮긴다. ● 열경련이 진정될 때까지 환자를 앉히거나 눕힘으로써 경련중인 근육을 쉬게 한다. ● 환자의 목이나 허리 주위를 죄는 옷은 느슨하게 하고 신발 끈을 풀어 헐겁게 한다.

● 열사병 : 온열손상 중 가장 치명적인 상태

원인	고온 다습한 환경에서의 지나친 활동(노동)으로 체내 열축적 혹은 체온 조절기능의 장애로 발생
증상 / 특징	● 체온 급상승(41℃이상), 두통, 현기증, 귀울림, 졸음, 혼수, 정신착란 ● 피부는 땀이 나지 않아 건조 ● 건강한 사람보다 신체 허약자에게서 자주 발생 ● 복사열이 강한 곳(연병장, 해변가) 등에서 많이 발생
치료 / 응급처치	● 환자를 그늘진 장소로 옮긴다.(옷을 벗기거나 느슨하게 한다.) ● 환자의 몸을 차가운 물속에 담그거나 차가운 물을 뿌리고 부채질 하면서 팔다리를 마사지 한다. ● 환자가 의식이 없거나 희미할 경우 기도 유지 및 인공 호흡을 실시한다. ● 가능한 한 빨리 후송하고 후송 도중에도 계속해서 환자의 몸을 식혀준다. ● 후송이 늦어질 경우 정맥 주사 실시

제4절 분대장 및 반장

1. 개　　요

- 분대 지휘통솔
- 분대건제유지 생활화 추진
- 분대원 군기확립 및 단결유지
- 내무생활 지도, 분대원 신상파악, 애로사항 조치 및 건의
- 분대원 교육훈련 지도 및 분대 전투준비태세 유지
- 분대 장비 및 물자사용 가능 상태 유지

◈ 분대장 자세 ◈

- 솔선수범으로 행동하는 분대장
- 분대원보다 체력과 정신력이 강한 분대장
- 분대 전투지휘와 분대원 교육훈련 지도 능력을 갖춘 분대장
- 분대원의 애로사항을 찾아서 해결해 주는 분대장

사기가 저하된 부대는 아무리 지략이 뛰어난 장수가 지휘하여도 싸워 이기기가 쉽지 않다.

2. 역할과 책임

가. 교육훈련

(1) 교육 준비

(가) 지정된 복장 / 장비 휴대 여부
(나) 지시된 준비물 휴대 여부
(다) 분대원 건강상태 확인
(라) 병기 / 장구류 휴대 여부
(마) 음료수 휴대 여부

(2) 교육 실시

(가) 개인훈련숙달 / 완성 보조
(나) 조교로서 임무수행
(다) 미숙달자 개별 지도
(라) 분대원 교육수준 기록
(마) 안전사고 예방

(3) 교육 종료 후

(가) 인원, 장비 이상유무 확인 / 조치
(나) 병기, 개인장구 확인 조치
(다) 환자유무 파악
(라) 간단한 병기손질

나. 군기 / 안전

(1) 내무생활 지도

(가) 보급품 정돈방법 지도 / 확인 감독
(나) 분대원의 복장 / 위생상태 점검
(다) 개인 소지품 휴대상태 점검
(라) 인식표 휴대 점검

(마) 분대원의 휴가, 외출, 외박 건의 / 군기교육
(바) 암구어 숙지상태 확인
(사) 명령지시 회보 등 이행 감독
(아) 개인 위생 감독

(2) 안 전

(가) 모든 행동전, 후의 안전에 대한 주의를 환기, 필요한 교육 /조치 감독
(나) 분대원의 훈련 / 작업간 계속적으로 불안전한 요소, 조치 / 감독

(3) 신상파악 / 선도

(가) 전입신병에 대한 신상파악
(나) 전입신병에 대한 보호자 역할
(다) 지휘 관심병사에 대한 계속적인 관찰 / 조치

(4) 장비 / 보급품 관리

(가) 분대원의 피복 / 장비카드와 현품 일치 여부
(나) 분대원의 보급품 손질과 정비 관리 실태
(다) 보급품 주기 확인
(라) 총기 손질 / 장비 관리 상태
(마) 손질 기구(총기) 관리 상태 확인
(바) 부분품 망실 / 고장여부 확인
(사) 보급경제에 대한 교육 / 솔선수범으로 실천

(5) 기 타

(가) 병 상호간 집합, 지시, 얼차려, 군기교육, 암기 강요를 하지 않도록 교육 및 확인
  1) 분대는 분대장 책임
  2) 선임병이 분대원을 집합, 교육 절대 불가
(나) 분대장은 솔선수범을 손색없도록 실시
  1) 복장, 경계, 내무생활
(다) 분대장 소임은 최선과 책임 의식, 솔선, 모범, 정직

3. 세부 행동지침

가. 교육훈련

(1) 전술훈련간 전장정리

(가) 주요 조치사항

1) 개인텐트 및 시설의 흔적 제거

※ 부대규모, 숙영기간, 야전군기유지 상태의 확인자료

2) 간이화장실 매몰

3) 담배꽁초, 휴지 등 회수 및 소각 후 매몰

4) 모닥불 피우는 행위를 금지하여 위치노출 방지

5) 작전지역 이탈시는 개인호를 매몰하여 부대규모 및 작전계획 노출을 방지

6) 각개장병의 야전수칙 준수

가) 철모 항시 착용 / 턱끈 착용

나) 소총은 몸에서 떼지 말고 즉각 사격 가능한 자세로 휴대

다) 각종 화기의 손질도구와 예비 부속품을 휴대

라) 야전삽은 항시 휴대하고 시간 나는 대로 호를 구축

마) 수통에 물을 항시 충만시키고 정수제를 휴대

바) 방독면을 항시 휴대하고 사용가능 상태를 점검

사) 위장은 주 · 야 필히 실시

아) 야전에서 경계를 최우선으로 할 것

자) 암구어 필히 숙지, 야간에는 낮은 목소리로 수하

차) 항상 전장을 주목(적을 상정한 교육훈련 습성화)

카) 능선이나 공제선상에서 행동을 회피

타) 적절하게 소산, 병력 집결 최소화

파) 항시 기도비닉을 유지할 것

하) 훈련시 민간인 접촉 및 대민피해 근절

거) 야전에서 경계근무시 노출된 상태로 좌우경계총 등 진중근무 방시 탈피

(나) 사전준비 및 확인사항

1) 지속적 반복교육 / 위반시 현장에서 지적 및 시정 필요

가) 공격에서 방어로 전환시 행정시간을 부여 병력 휴식(훈련과 휴식의 조화)

나) 호구축 및 소산 등의 행동이 사고예방 측면에서 제한이 필요할 때, 명확하게 제한사항 부여

2) 훈련전 군장검사 / 야전군기 준수 교육 철저

가) 군장검사시 불필요 물품 확인(버너, 라디오, 현금, 양초 등)

나) 군장검사시 개인휴대 장비중 누락 품목확인(야전삽, 방독면, 화기손질도구)

※ 간부, 고참병은 필히 확인

다) 전술적 행동 교육은 상황별로 예를 들어 설명

3) 훈련전 전술적행동 위반병사 처벌, 모범병사 포상

(다) 행군시 발관리 요령

행군전	● 발을 씻고 건조시킨 후 깨끗한 양말 착용 ● 전투화는 발에 맞는 것으로 착용/연화 ※ 전투화 연화 : 뒷꿈치 등 접히는 부분 ● 발바닥 반창고 부착, 스타킹 착용 등 방법 활용
행군중	● 휴식시 다리를 군장 위에 올려놓고 혈액 순환 증진 전투화를 벗고 발 마사지 및 건조 ● 발이 물에 젖었을 경우 즉시 양말을 갈아 신음
행군후	● 발을 깨끗이 씻고 건조 ● 물집부위 소독 및 치료

나. 군기 및 안전

- 사고자 총기함, 영외거주가 총기는 2중 잠금장치 및 밖에서 확인 가능토록 제작
- 출타자별로 최신현황을 기록 유지하라.
- 분·소대 총기함은 견고하게 제작하라. 화재에 대비 신속히 이동할 수 있도록 제작하라.
- 총기함 key는 야간으로 전환시 인수인계를 철저히 하라.
- 야외 훈련간에는 간이 총기함을 제작 활용하라.
- 내무실 총기 장금 장치를 설치한 후에는 반드시 통합관리하라.
- 인접부대의 총기함 관리의 노하우를 파악하여 지속적으로 보완하라.

(1) 탄피회수시 유의사항

- 탄약 수불은 반드시 간부에 의해서 실시하라.
- 한발의 탄피도 실탄과 동일하다, 탄피는 100% 회수하는 것을 버릇 들여라, 찾을 때까지...
- 탄피 수불시 탄피의 색깔을 확인해 보라. 실탄을 숨기고 유기 탄피를 반납할 수 있다.
- 100% 회수가 안 된 경우 의심나는 인원은 소지품 검사를 하라.

(2) 신상 파악 / 선도

(가) 신상파악

1) 신상파악시 착안사항

가) 상대방이 자연스럽게 이야기할 수 있는 분위기를 유도한다.

※ 수사관이 용의자를 신문하듯이 하는 신상파악은 도리어 역효과가 발생한다.

나) 감시당하고 있다는 느낌이 들지 않도록 신상파악 한다.

다) 말을 하기보다는 듣는 입장에서 대화한다.

라) 신상파악시 인지한 내용은 특별한 경우가 아니면 문제 삼지 않는다.

마) 어느 한가지 방법으로 파악한 결과를 신봉해서는 안된다.

바) 간부라고 신상파악을 소홀히 해서는 안된다.

사) 신상파악내용은 생활지도기록부에 기록하라.(보안유지 철저)

※ 부대여건 고려 다양한 창의적인 방법 강구

아) 병영내 악습 유형

- 조직(계층별 임무 분담 : 식기조, 관물조, 바닥조, 군화조 등)
- 병 자체 무단음주 및 회식 행위
- 각종 비공식 음성적 신고행위
- 소대운영비 거출행위
- 근무 불공정 편성 및 나태행위(후임병 강요)
- 인격모독 및 불법 얼차려, 단체 얼차려 행위
- 휴가 · 외출(박), 면회 복귀시 물품 지참 강요행위
- 단체 회식후 회식비용 강제 분납행위
- 전역병 기념품 증정 명목의 금전 거출행위

- 불량서적, 테이프, 음화반입 행위
- 병영 생활 필수품 단체 구매 행위
- 선임병에 의한 보급품 교환 및 절도 행위
- 후임병에게 비정상적인 행위 강요 및 물품 요구
- 후임병에게 자기 일을 떠넘기는 행위

자) 이러한 병사는 꼭 확인하라.

- 혼자 있기를 좋아하며 대화를 회피하는 병사, 자신감이 결여된 병사
- 환자가 아니면서 식사를 잘 않는 병사
- 비정상적인 행동이나 사소한 경우에도 과격하게 행동하는 병사
- 특별한 사유없이 조기 휴가귀대 병사
- 거짓말을 하거나 사기성, 자기과장을 통한 열등감을 위장하는 병사
- 전우의 환심을 사고자 용돈을 잘 쓰는 병사, 염치가 좋거나 붙임성 있는 병사

(3) 병력관리

(가) 전입신병 관리

1) 관리단계(예)

1단계(1주차)	2단계(2~3주차)	3단계(4~8주차)
• 전입환영행사/동화교육 • 입체적인 신상파악 • 효도 편지쓰기 • 신병 군인만들기 취지/위로휴가 시행 교육	• 간담회(제대별) • 개인능력에 맞는 임무부여(교육훈련 등) • 가정통신문 발송	• 기본 임무수행 요령 집중지도(주특기, 분대장) • 위로휴가 실시
심리적 안정 및 동화	부대적응	자신감 부여

※ 4주 이상 병과학교 수료 후 전입된 인원은 1단계(1주), 2단계(2주), 3단계(1주)로 실시(부대여건 고려 대대장급이상 지휘관이 조정 가능)

(나) 관리요령(예)

1) 전입시 친절하게 맞아 주어라.(반가운 마음)

2) 분대내 계급구조를 고려하여 배치하라.

※ 계급별 균형유지(이등병~병장까지 균형보직)

3) 애로 및 고민사항을 정확하게 파악하여 조치하라.

4) 분대장이 직접 지도하고 보호하라.

※ 입대 100일 이내 최대한 조기에 적응할 수 있도록 지도

가) 전입신병에게 내무부조리가 발생하지 않도록 하라.

나) 격려와 칭찬으로 자신감을 가지도록 하라.

※ 부대여건 고려 다양한 창의적인 방법 강구

(다) 보호 및 관심병사

1) 주요유형

개인문제	부대문제	가정문제
• 이성문제 • 성격장애, 정신질환(마약, 변태 포함) • 질병, 신체허약	• 복무 부적응 • 내무부조리 • 집단소외(따돌림)	• 가정환경 • 부모불화 및 형제간 갈등

※ 부대여건 및 상황, 구성원 성향에 따라 유형 추가

2) 관리요령(예)

가) 신상파악 결과를 기초로 문제점을 입체적으로 정확히 파악하여 적시적절하게 조치하라.(관리보다 식별이 중요!)

나) 부대내 모든 조직을 이용하여 관리하라.

※ 분대장이 관리하는 것이 가장 효과적이다.(분대장은 분대원에 대해 모르는 것이 없다.)

다) 부모, 가정, 친구, 동기 등과 연계하여 관리하라.

※ 휴가시 부모와 상호 보호관리 체계 유지

라) 간부 및 군종장교와 1:1 관리(필요시 지역내 종교인, 교사 등 후견인 임명)

마) 마약, 변태, 질병자 등은 전문가의 도움을 받아 조치하라.

바) 격려 및 칭찬 등으로 군생활에 자신감을 가질 수 있도록 하고, 달성 가능한 임무를 부여하여 성취감을 고취시켜라.

※ 부대여건 고려 다양한 창의적인 방법 강구(부록#13 참조)

(라) 상근예비역

1) 사고발생 요인

가) 퇴근후 적절한 통제수단이 없고, 사고위험 및 유혹에 노출되어 있다.(용돈 과다 필요, 음주, 유흥업소 종사 등)

※ 대부분이 절도, 음주폭행과 차량사고임(70%)

나) 규칙적인 내무생활 부족으로 군기위반사고가 발생할 수 있다.

2) 관리요령(예)

가) 퇴근전 사고예방교육을 철저히 하라.

나) 부모, 예비군 중대장, 지역사회와 연계하여 관리하라.

다) 퇴근후 불시에 전화로 생활태도를 파악하라.

라) 부대 소속감과 군인으로서의 자부심을 갖도록 하라.

마) 간부와 의형제를 맺어 관리하라.

바) 인생의 건전한 목표를 세워 준비하는 기회를 마련하라.(각종 자격증 및 검정고시 준비, 독서 등)

※ 부대여건 고려 다양한 창의적인 방법 강구

(마) 병영부조리 근절

1) 유형

구타, 가혹행위, 암기강요, 성군기 위반, 금전거출, 기타

2) 감지방법(예)

가) 후임병의 얼굴표정이 굳어 있고 땀을 많이 흘릴 경우

나) 후임병의 머리와 팔꿈치에 먼지가 있을 경우

다) 청소시 후임병만 실시할 경우

라) 내무실 밖에서 외부를 감시하는 병사가 있을 경우

마) 근무에 임하는 자세가 평상시와 다를 경우

바) 취침시간에 침상에 앉거나 서 있는 병사가 있을 경우 등

3) 색출방법(예)

가) 주기적 부대진단 실시(마음의 편지 및 설문접수 병행)

※ 중대(주 1회), 대대(월 1회), 연대(분기 1회), 사단(반기 1회)

나) 제대별 병영생활 고충상담관 임명 및 활용

- 중대(군종병), 대대(군의관, 미보직시 주임원사)
- 연대장(직할대 : 대대장) 임명장 수여, 고충상담관 활동여건 보장
- 보고체계

  (중대 : 중대장 / 대대상담관, 대대 : 대대장 / 연대상담관)

다) 면담, 순찰, 간담회시 내무부조리 색출에 주안을 두고 실시

라) 부모, 가정, 친구, 학교와 연계(전입신병, 보호 및 관심병사)

마) 전화, E-mail, 편지 등 적극 활용

※ 가용한 모든 조직, 방법, 수단을 활용하여 내무부조리 색출

4) 예　　방

가) 법규에 의거 합리적으로 부대를 운영하라.

나) 내무부조리는 모든 사고의 원인이므로 발견 즉시 단호하게 처리됨을 교육시켜라.

※ 내무부조리 상습 가해자 및 피해자를 파악하여 집중관리

다) 분대건제유지 활동을 활성화시켜라.

※ 분대장이 모르는 내무부조리는 없다.

라) 인성교육, 스트레스 해소, 개인 기본권 보장, 체육활동 등으로 장병 정서를 순화시켜 명랑한 내무생활 분위기를 조성하라.

마) 선·후임병간 의사소통을 활성화하라.

바) 음주통제를 철저히 하라.

※ 내무부조리를 하면 반드시 처벌된다는 공감대 형성

5) 조　　치

가) 병영부조리 가해자는 지위고하를 막론하고 의법 처리

※ 특정인원(간부, 분대장, 핵심주특기 인원 등)을 처벌하지 않거나 미온적으로 처리시 결과적으로 내무부조리를 조장하는 행위임을 명심

나) 법적으로 처벌되지 않은 인원도 징계, 소속부대 변경 등 강력하게 조치

다) 내무부조리 척결 유공자는 포상 조치

라) 기타사항은 부대여건 고려 다양한 창의적인 방법 강구 적용.

(바) 분대건제유지 생활화

1) 분대장만이 자기 분대 지휘 가능(인접분대 간섭 금지)

2) 본부중대 및 기행부대는 잠정분대 편성(5~13명)

3) 분대장에게 책임 및 권한 부여

4) 분대건제유지 생활화는 이렇게!

가) 점호, 식사, 집합, 인솔, 근무, 교육훈련, 체육활동, 청소, 5분대기조 등 모든 부대활동간 분대건제 유지

나) 분대원 신상 및 행선지 파악, 관찰보고제도 실시

※ 기타사항은 부대임무, 특성, 여건 등을 고려하여 시행

(사) 병영생활 임무분담제 확인

1) 내무생활간 해야 할 과제를 도출, 열외 없이 임무부여

2) 개인임무와 공동임무(분대단위)로 구분

3) 공동임무 부여 원칙

가) 선임병 : 경험필요, 책임 및 위험성 있는 과제(쓰레기 분리수거 등)

나) 후임병 : 단순처리 가능과제(내무실 청소, 어항 물갈이 등)

다) 고정책임 부여 : 전문지식 및 기술요구 과제(보일러 관리 등)

4) 열외자(휴가, 외출 및 외박, 환자 등) 발생 대비 대리 임무자 편성

5) 임무순환 주기는 부대여건 고려 중대장이 결정

6) 분대 건제유지 세부행동

7) 일조점호 / 각종 집합시

가) 분대단위 직책순으로 건제유지 병력 집결

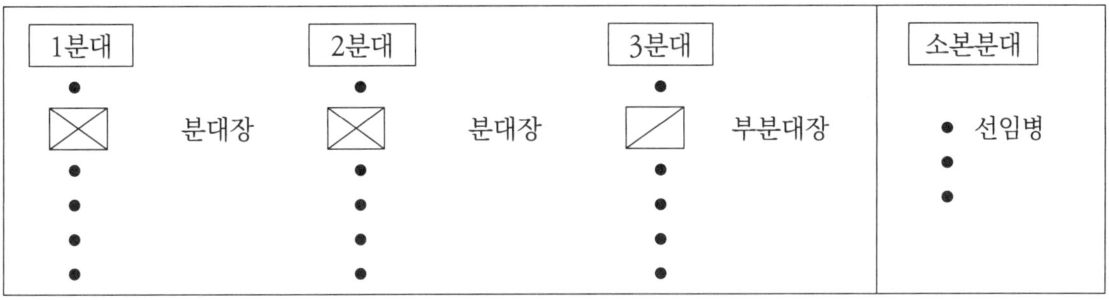

나) 분대원이 1명일 때도 타분대와 통합하여 정렬 금지, 단, 이 · 취임식 등 의전 행사시에는 제외

다) 중 · 소대 인원파악시 분대장이 인원파악 및 보고하고, 분대장이 부재중일 때는 선임병이 보고

라) 일조점호 종료후 일직사관 인솔하 건제단위 이동/구보실시

8) 병영생활 / 근무편성시

가) 분대장부터 부분대장까지 건제순으로 관물대 편성

1분대장	기준병	소총수	유탄수	소총수	소총수	k-3 사수	k-3 부사수	유탄수	부분대장	2분대장	기준병	소총수	유탄수	소총수	소총수	k-3 사수	k-3 부사수
복									도								
3분대장	기준병	소총수	유탄수	소총수	소총수	k-3 사수	k-3 부사수	유탄수	부분대장	소본분대장	1총부사수	2총사수	2총부사수	통신병		2분대 유탄수	2분대 부분대장

나) 타내무실, 타분대 관물대 사용 / 취침금지

다) 근무편성시 복초근무자는 반드시 동일 분대원으로 편성

※ 근무편성 후 잔여인원 발생시 타분대원과 혼합 편성금지

라) 분대단위 행동으로 음성적 비공식 조직 일소

마) 타분대장 / 선임병에 의해 자행되는 구타 및 가혹행위 발견 즉시 상급지휘자(관)에게 보고

바) 고참 내무반장 제도는 폐지하고 분대장을 활용, 윤번제로 근무

(아) 분대 건제유지 세부활동 지침

1) 점호 및 각종 집합 시

가) 분대단위 직책 순으로 건제유지 병력 집결

나) 분대장은 필히 가장 선두에 정렬

다) 분대원이 1명일 때도 타 분대와 통합하여 정렬 금지

라) 중·소대 인원 파악시 분대장이 인원파악 및 보고

마) 일조점호 종료 후 건제단위 이동 및 구보

※ 병력통제 및 인원파악이 용이하고 집합시간이 단축되며, 분대장의 권위신장에 기여할 수 있음

2) 병영생활 및 근무편성 시

가) 분대장부터 부분대장까지 건제 순으로 관물대 편성

나) 타 내무실 및 타 분대 관물대 사용 금지

다) 근무편성시 복초근무자는 반드시 동일 분대원으로 편성

라) 내무실 책임자는 분대장이 일일단위 윤번제 근무

마) 분대장은 중대근무, 필요시 대대 일직부관 및 위병조장은 부분대장 편성

※ 분대원 보호 인원파악용이, 분대장 권위신장, 구타 및 가혹 행위, 폭언, 자살, 성추행, 집단따돌림 등을 예방할 수 있음.

3) 식사집합 및 식사시

가) 식사집합 및 식당이동 및 식사시 분대건제 유지

나) 분대별로 식탁을 지정하고 분대장 통제하 건제순으로 입장 및 복귀

다) 분대원과 함께 식사 및 타분대와 혼합 사용금지

※ 식당 공간 부족시 분대단위 시간제 교대 식사

라) 경계근무 및 지연 도착자를 위하여 보온밥통과 국통에 별도의 식사준비

마) 이등병부터 분대장 순으로 식사 배식 및 식사 후 분대원과 함께 이동

※ 분대원 보호, 신상파악용이, 우리는 한 식구라는 동질감 형성, 가장 교육효과가 높은 밥상머리교육 가능으로 돈독한 전우애 함양

4) 분대 신병전입시

가) 중대장 신고시 해 분·소대장 배석 실시(권장사항)

나) 분대 배치시 분대장이 직접 의류대 운반

다) 분대내 전입 신병교육은 분대장만이 실시

라) 분대 도착시 전 분대원에게 소개 및 환영행사

마) 분대장 주관하 관물대 개인명찰 부착 및 관물정리

바) 보급품 확인 후 부족물자 보충 및 교체 건의

※ 분대장 권위신장, 분대원 보호, 분대장에 대한 감사한 마음 고취, 분대장에 대한 절대적인 믿음 등으로 내무생활에 대한 막연한 두려움을 떨쳐 버리고 조기적응 유도 가능.

5) 체육 활동시

가) 정규시간 체육활동은 건제 단위로 실시

- 건제단위 분·소대장 인솔하에 전원이 운동장에 나가서 분·소대별 집단으로 체육활동을 하는 의미임.
- 지휘관은 분·소대원들과 함께 주기적으로 운동함으로써 부대원들의 특성을 파악하고, 부대원과 자연스럽게 동화될 수 있도록 한다.

나) 자율활동 시간에 체육활동은 건제유지하에 실시하되 장비손질 및 개인정비시간 등 휴식이 보장되어야 한다.

다) 휴무일 체육활동은 휴무계획서 시간계획에 따라 건제단위로 운동하는 것을 원칙으로 하되 집단운동이 제한될 경우 잔여 인원은 수시 교체 등으로 전원이 동참하여 실시한다.

라) 기초체력 수준 미달자(체중미달, 비만 등)는 일과를 포함한 가용시간에 구보, 조깅, 철봉, 평행봉, 줄넘기, 윗몸 일으키기 등의 개인 체육 활동을 보장하고 분대장은 항상 자기 분대원의 행선지를 파악하여야 한다.

마) 태권도 훈련은 개인별 수준에 따라 훈련조를 편성하여 실시한다.

※ 기타 체육활동은 육규 제151을 참고한다.

※ 참여의식 및 단결심고취, 체력단련용이, 인원 및 신상 파악용이, 계획성 있

는 자율여건 보장으로 군인정신 고취, 특권 및 열외의식 근절할 수 있음.

(자) 자율시간 및 동아리 활동

1) 표준 일과표에 명시된 지침 준용

시 간	주요 활동	육군지침
06:50~08:00	청소 / 조식	개인 / 분대
08:00~09:00	지휘관 시간	〃
12:00~13:00	중 식	분 대
17:00~21:30	**자율 활동시간** · 청소 / 석식 · 장비손질 · 근무자 신고 · 취미 /동아리 활동 · 기 타	개인 / 분대

2) 표준 일과표상 통제시간(기상 및 일조점호, 정과교육, 오후 지휘관 시간, 일석점호 및 취침준비)에는 동아리 활동을 금지한다.

3) 자율활동시간 동아리 활동은 개인 및 분대건제유지를 원칙으로 하되 시행여건과 내용면에서 활동이 가능한 경우, 자율적으로 시행하고 여건이 불비하여 활동이 제한될 경우, 개인정비 및 자유시간을 부여한다.

※ 개인정비 및 자유시간 실시 사항
(예 : 세탁, 체력단련, 편지쓰기, TV시청, PX이용, 취미활동, 독서, 바둑, 장기, 서예, 악기, 사진, 누워서 휴식, 병기손질 등.)

4) 동아리 활동은 체육활동을 제외한 가능 종목을 제대별로 선정 하되 제반 여건이 마련된 상태하에 실시하고 형식적인 활동이 되지 않도록 해야 한다.

5) 개인 및 분대활동중 분대장은 분대원의 행선지를 항상 파악함으로써 분대장 통제하에서 분대관리가 되도록 해야 한다.

※ 후임병들에게 개인정비 및 휴식여건보장, 실질적인 동아리 활동으로 자기개발 및 근무의욕고취, 통제된 자율로 준법 준수의식고취 등의 효과로 사고예방에 기여할 수 있음.

(차) 분대장 일일결산 및 신상파악

1) 시간 및 장소 구애없이 일일결산을 하고 필히 3가지 사항 확인 “구타 및 가혹행위(폭언, 성추행 포함) 한 자! 당한 자! 고민 및 애로사항이 있는 자! 자살징후 포착!” 등

※ 구타 및 가혹행위를 한 자! 및 당한 자!는 해당사항 없어도 매일 보고

2) 신상파악시 개인사생활 및 자존심이 손상되지 않도록 하고 분대장 수첩 활용 실질적인 신상파악.

3) 불필요한 노력이나 행정서류 등 추가적인 제작 금지

※ 병사들과 24시간 함께 생활하는 분대장을 통하여 부대현상 파악용이, 간부의 관심 및 지휘사각지대 확인 가능, 사고 발생 전 문제요인 사전 인지로 사고예방 가능, 사고발생 후일지라도 재발방지 및 사후처리 용이

(카) 부대 교육훈련 및 작업

1) 분대 건제단위 교육 집합, 교장인솔, 훈련, 정비 실시

2) 4~5명 단위 작업, 청소, 대민지원 시에는 1개 분대 건제 단위 집중지원으로 조기 임무수행 후 복귀

※ 참여 및 단합의식고취, 후임병만 작업한다는 피해의식 해소, 병력집중운용으로 조기에 임무수행, 할 때하고 쉴 때 쉬는 열성의식고취로 탄력있는 부대운용에 기여

(타) 전원 전투요원화 훈련

1) 훈련의 목적

가) 개인의 기본임무를 수행하면서 최소한의 전투병으로써 조치할 수 있는 능력 배양

2) 훈련조 편성

가) 기본 임무수행을 저해하지 않는 범위 내에서 수 개조로 편성하여 각급부대장이 판단하여 실시

나) 훈련인원 편성은 분대단위 건제유지를 반드시 고려할 필요는 없으며, 기본업무 수행에 지장이 없도록 편성하고 훈련시는 잠정 분대 단위로 편성하여 훈련한다. 단, 분대장은 훈련참가 분대원의 훈련조 편성, 훈련장소, 훈련시간 등에 대한 전반적인 내용 숙지

3) 훈련과제 선정

가) 상급부대 지침 범위 내에서 임무를 고려한 훈련과제 선정

나) 동일 주둔지 내 통합 훈련부대에 대한 과제선정은 1단계 상급 지휘관 검토 · 승인 하 통합부대별 임무 우선순위를 고려하여 분기별 과제조정 가능

4) 훈련시간

가) 월 및 분기단위 집중훈련 금지(월 1박 2일, 분기 2박 3일 등)

나) 정과시간에 야간훈련 반영 및 실시 : 분기 1회 이상 선정과제 숙지

5) 기 타

가) 1단계 상급지휘관 전술훈련 평가시 전원 전투요원화 훈련 측정결과는 평가지휘관 판단하에 반영하여야 한다.

나) 수준저조자 및 열외자 보충교육은 주·야간 정과시간에 비례한 훈련 실시

다) 기타 훈련 지침은 육방침 '03-2호를 적용한다.

※ 건제단위 전투임무위주 부대운영가능, 교육훈련 열외의식 근절, 전투력향상 제고, 교육훈련이 강한 부대는 사고도 없다!

(파) 초동조치부대

1) 편 성

가) 전투부대 : 건제 분·소대 단위 편성

나) 포병부대 : 반단위 편성(인원부족시 2개 반으로 편성)

다) 전투근무지원 부대 : 건제 분대단위로 편성하되, 인원 부족시 타분대 부분대장조를 혼합편성 가능

라) 반이나 분대로 5분대기조를 편성시 조장은 부사관급 이상으로 편성

2) 교육훈련

가) 전투부대 및 전투지원부대

3) 일과시간 : 명령수령 후 5분이내 출동할 수 있도록 평시부터 휴대 장비/물자를 SET화 한 상태에서 주간교육예정표(5분전투대기부대)에 반영된 교육훈련 실시

※ 교육훈련 필수과제 : 독도법, 사격, 체력단련, 통신장비운용, 적 포획요령, 수색, 매복

4) 일과이후 : 일직사령(사관) 통제하에 1일 1회 이상 취약 시간 출동훈련 실시 및 지정된 내무반에 위치

5) 출동차량 : 연료충만, OVM 공구와 예비타이어 적재 등 출동 준비를 갖추고 5분전투대기부대가 위치한 장소에 대기

6) 24시간 별도 장소에서 대기하는 개념이 아니라 주간에는 즉각 출동 대기태세를 유지한 가운데 기본임무 수행

7) 야간에는 일직사령(사관) 통제하에 1일 1회 이상 취약시간 출동훈련 실시

8) 임무교대

가) 전투부대 : 1~2주 단위 교대(기준 : 1주)

나) 전투지원 및 전투근무지원부대 : 업무수행 여건 고려 지휘관 판단하 단기간 편

성 가능(3~4일)

※ 기본임무를 수행하면서도 5분대기조 임무수행 가능으로 정상적인 부대운영, 인원파악 및 통제용이, 열외의식 근절 등 가능

(하) 급속행군 및 유격훈련

1) 유격훈련 기간 중 숙영지 편성, 교육집합/교장 인솔, 훈련정비 등은 분대 건제단위로 편성하여 실시하되, 훈련실시 과정에서 체력 및 훈련수준 저조자는 교장별로 교관 책임하에 개인별 능력을 고려하여 분대건제를 하지 않고 훈련을 실시 할 수 있다.

2) 급속행군시 분대원중 전입 신병, 신체허약자, 수준저조자는 기준 시간 등 적용하는 등 수준별로 별도 편성하여 분대건제를 고려하지 않고 훈련을 실시한다.

3) 급속행군 및 유격훈련 기간중 분대장은 자기 분대원의 행선지를 정확히 파악하여야 한다.

※ 전투근무 지원부대 유격 훈련은 분대를 2개조(분대장조, 부분대장조)로 구분하여 훈련에 입소함을 원칙으로 하며, 훈련조 편성은 분대장조와 타분대 부분대장조를 통합 편성하여 그중에 선임병이 훈련조장(분대장) 임무를 수행한다.

※ 건제가 유지된 훈련가능 및 수준저조자 압박감 해소, 인원 및 신상파악용이, 점진적으로 교육 및 체력수준 향상으로 전투력발전 및 사고예방에 기여

(거) 수색 및 매복작전

1) 건제분대로 임무를 수행해야하나 1~2명 결원시에는 추가병력 지원없이 지정된 분대가 그대로 임무를 수행

2) 분대 인원이 6명이하시 타분대 부분대장조(4~5명)를 지원 받아 부여된 임무를 수행

※ 분대건제유지를 하면서 무리 없이 임무수행가능으로 정상적인 부대운용에 기여

제3장

미래지향적 부사관 역할과 책임

보이지 않은 것도 볼 줄 알아야 하며 들리지 않는 것도 들을 줄 알고
생각나지 않은 것도 생각할 수 있도록 노력해야 한다.

제1절 개 요

정보화, 세계화 시대에 모든 것이 빠른 속도로 변하고 있다. 이러한 변화가 어떤 방향으로 어떻게 일어나고 있는지, 이를 간파하여 능동적으로 대처하는 것이 본인의 성취동기를 달성하고 국가에 이바지하는 길이다.

중농주의 시대에는 그린 칼라가 대우 받았고, 2차 산업시대에는 블루 칼라가, 3차 산업시대는 화이트 칼라가 주름잡는 시대였다. 그러나 오늘날의 정보와 시대에는 빌 게이츠나 스필버그 같은 골드 칼라가 그 사회를 지배하는 시대로 변하였다.

이러한 변화 속에서 국방조직도 급속히 발전하고 있는데

첫째, 현대전 양상은 4차원 전쟁, 미사일 전쟁 또는 정보전쟁 형태로 발전하고 있다.

둘째, 전장은 동시다발전투능력(Deep See, Deep Control, Deep Strike) 향상으로 적극적 방어를 추구하고, 지휘통제는 C4I의 급속한 발전으로 통합지휘 통제체제로 전환되고 있다.

셋째, 지휘구조는 통합군 체제로 발전하고 있으며, 책임영역이 광역화된 전투조직으로 전환되고 있는데, 선이 단축되어 인력절감형 장비 중심의 부대로 발전하고 있다.

넷째, 군사력의 정비방향은 전장감시 및 지휘통제 시스템의 과학화로 인공위성, 중장거리 레이더 체제 및 조기경보기가 실용화되고 있다.

이러한 전자, 정보전 시대에 요구되는 군 간부의 기본자질은 창의성과 다양성 그리고 실용성이다. 즉 창의적인 사고와 다양한 지식을 실제 업무에 적용할 수 있도록 능력을 끊임없이 함양하는 것이 골드 칼라가 되는 길이다. 창의성은 새로운 생각을 할 수 있는 사고력과 함께 그것을 실천에 옮겨 가치있는 것을 창출해 낼 수 있는 능력을 말한다.

다양성은 획일적인 사고방식에서 벗어나 각각의 개성과 다양한 특성을 존중하는 것을 말한다. 부사관에 대한 군의 요구는 점점 다양하고 복잡해질 것이므로, 나날이 늘어나는 지식을 확보하여 관리하고 대처하는 능력이 필요하다. 실용성은 실제 업무에 효과적으로 적용할 수 있는 능력을 의미한다. 이러한 군의 발전 추세에 부합하기 위한 부사관의 요구 능력은

첫째, 간부로서의 전술적, 기술적 능력을 구비하는 것이다. 전자, 정보전에 필요한 지식과 기술을 연마하고, 장교에 준하는 작전, 전술적 기량을 축적하도록 노력해야 한다.

둘째, 병과업무 수행을 위한 전문가로서의 능력을 축적하는 것이다. 해당 병과에 대한 지휘관과 장교를 보좌하고 병을 지도, 감독할 수 있는 능력을 구비해야 한다.

셋째, 부대관리 능력의 향상이 요구된다. 새로운 경영기법과 정보화 관리능력을 축적하여 부대를 효과적으로 관리하는 창의적인 능력이 필요하다.

넷째, 의사결정 능력의 향상이 필요하다. 보다 효과적인 부대관리와 병사의 교육훈련 및 전투능력의 향상을 위해서 부사관도 일정수준의 의사결정에 직접 참여할 수 밖에 없는 시대가 도래하고 있다. 이에 대비하여 토의, 토론 및 업무처리 결정능력을 배양하여야 할 것이다. 시대의 변화를 읽고 이를 실천하는 능력을 갖출 때, 발전지향적 역군이라고 표현한다. 국방조직이 나에게 필요한 능력을 길러줄 것이라고 수동적이고 소극적인 자세를 띠게 되면 무한경쟁 시대에 이미 기회를 잃게 된다. 본인이 먼저 조직이 요구하는 능력을 구비하려는 적극적이고 긍정적인 자세가 절실히 필요한 시대이다.

제2절 부사관에게 요구되는 능력

21세기를 선도할 부사관은 “할 수 있다”는 의식 전환과 자기직무에 “최고의 전문가”가 되이야 한다.

가. 공통적으로 요구되는 능력

(1) 소부대 전투지휘 능력 구비

(가) 입체적, 다차원으로 확장된 미래전장 개념을 이해하고, 급속한 상황 변화속에서 부대를 효과적으로 이끄는 지휘능력 구비

(나) 폭넓은 군사지식으로 병사들을 효과적으로 지휘하며, 각종 정보를 활용할 수 있도록 전술적 식견 구비

(2) 첨단 무기 / 장비 운용 및 교육능력 구비

(가) 해당 특기 및 부대에 편제된 무기 및 장비의 조작, 운용, 정비 및 교육 능력 구비

(나) 전산업무 처리능력 구비

(3) 교육 및 훈련지도 능력 구비

(가) 병 기본훈련, 주특기와 소부대 전투기술 지도 및 교관능력 구비

(나) 병 개인훈련의 계획, 준비, 실시, 평가 및 감독 능력 구비

(4) 계획 / 보고

(가) 상급부대계획과 지휘관의 지침을 이행하기위한 실행계획을 수립하고 그 결과를 분석할 줄 아는 능력 구비

(나) 부대의 일상업무를 체계적으로 계획하고 문서 또는 구두로 논리적으로 보고하는 능력 구비

(5) 감독

부사관 책임과 권한 지휘관의 지시를 철저히 숙지하고 미흡한 점을 찾아내 어 모범을 보이면서 지도 감독하는 능력을 구비

(6) 기타

(가) 업무에 대한 책임감 동료간의 협조자세, 희생정신, 자기계발노력 등 전문직업 윤리의식 구비

(나) 병사들과 부대활동을 함께하고 부대 제반훈련에서 병을 선도할 수 있는 강인한 체력과 정신력 구비

(다) 폭 넓은 상식으로 병사를 설득하고 효과적으로 지도하며 각종 정보를 활용할 수 있는 병사 이상의 학식 소지

(라) 국민에 대한 군의 책임과 군의 사명감을 인식하고 민 군 유대를 위하여 봉사하고 희생하는 정신력 구비

나. 계급별로 요구되는 능력

(1) 하사

(가) 분대장, 포반장, 조종수, 기술병과 운용 및 정비관 수행 능력

(나) 병 기본 및 주특기 지도 능력

(다) 병의 내무생활 지도 능력

(2) 중사

(가) 부소대장, 반장, 전차장, 대대급 참모부 업무담당관 수행 능력

(나) 소대장과 버금가는 전술 지식

(다) 병 기본 및 주특기(병과기술) 교관 능력

(라) 소대급 행정 및 보급관의 능력

(마) 대대급 참모부 업무 수행 능력

(3) 상사

(가) 소대장, 교관, 행정보급관, 연대급 참모부 업무담당관 수행 능력

(나) 소대장과 대등한 전술 지식

(다) 소대장 지휘 및 통솔능력

(라) 병 교육지도 및 감독 능력

(마) 중대급 행정 및 보급관리 능력

(바) 연대급 참모부 업무 수행 능력

(4) 원사

(가) 행정보급관, 신교대 중대장, 사단참모부 업무담당관, 주임원사 수행 능력

(나) 중대장과 버금가는 전술 지식

(다) 중대급 행정 및 보급관리 능력

(라) 부사관단 관리 능력

(마) 사단급 이상 참모부 업무 수행 능력

(바) 부사관 및 병 관련 정책구현 능력

제3절 미래 부사관의 역할과 요구능력

1. 군의 중추 : 허리역할 수행

우리 군은 지금, 창군 이래 그 어느 때 보다도 '부사관의 역할과 책임' 재정립과 '부사관의 실질적이고 가시적인 위상제고'를 위해 노력하고 있다. 부사관은 군 하부구조의 근간이요 전투력 유지의 중추로서 군이 제 기능을 다하기 위해서는 부사관이 강해야 한다.

그러므로 부사관은 병기본 · 주특기 · 소부대 전술 등 병 교육 분야와, 부대관리 및 안전관리 분야에서도 '최고의 전문가'가 되어야 한다.

이러한 부사관의 위상제고는 우리 모두의 노력도 중요하지만, 부사관들이 맡은 분야에서의 역할과 책임을 다하고 최고의 전문가가 되기 위해 스스로가 뼈를 깎는 노력을 선행할 때에야 비로소 가능하다는 사실을 인식해야 할 것이다.

육군은 부사관의 위상제고를 위해 1999년부터 '부사관 종합발전 계획'을 수립해 추진중에 있고, 벌써부터 여러 분야에서 가시적 성과가 나타나고 있다.

부사관의 역할과 책임을 다할 수 있는 우수인재를 양성하는 부사관학교도 육군의 부사관 종합발전계획과 연계, 학교 중 · 장기 발전계획을 단계적, 체계적으로 발전시켜 세계 최고 수준의 부사관학교로 변모시키기 위해 지난해까지 훈련부사관 교육과정 신설과 후보생 기초군사 교육을 육군훈련소에서 부사관 학교로 전환시키는 등 간부로서의 위상에 부합된 교육체계로 개선했다.

특히 반기 1회 하사 임관식 참모총장 주관, 학교시설 현대화 공사의 차질없는 추진으로 부사관 학교가 바로 부사관의 모교로서, 그리고 부사관의 센터로서의 역할을 수행토록 하고 있다.

2. 부사관의 정체성

먼저, 부사관의 태동배경 면에서 볼 때 최초 부사관은 병을 직접 지휘하기 위해 병에서 선발함으로써 병사들과 생사고락을 함께 하면서 병을 대표하고 대변자 역할에 충실하고 군의 허리역할을 하는 중간 관리자로서의 역할을 수행해 왔다는 것이다.

전시 역할 면에서는, 부사관들은 대다수가 대대급 이하 제대에 편제돼 있어 전시에는 집접 전투제대의 핵심주체로서 역할을 수행하게 된다. 따라서 부사관은 최일선 전투의 지휘자이며 소부대 전투의 전문가가 되어야 하는 것이다.

근무 특성 면에서 보면 부사관들은 대부분 특정 부대 및 지역에 비교적 장기간 근무하는 특성을 갖고 있다.

따라서 부사관은 부대전통 계승의 산증인이며, 해당 직책에서 전문가가 될 수 있을 뿐만 아니라 이러한 경험요소를 바탕으로 지휘관보다 건전한 결심수립을 할 수 있도록 조언하고 보좌해야 하는 위치에 서 있다.

이를 종합 요약하면 부사관의 정체성은 '병의 대표자이고 부대전통의 계승자로서 접적 전투제대 전투력 발휘의 핵심요원' 으로 정리할 수 있다. 그리고 바로 여기서 부사관의 역할과 책임을 도출해 낼 수 있는 것이다.

3. 부사관의 역할과 책임

역할과 책임은 자신에게 맡겨진 의무요, 임무다. "세상에서 무책임한 것처럼 부끄러운 일은 없다. 이것은 자기직분의 태만이고 사람으로서 구실을 포기한 것이다. 자기 의무를 다하라. 그리고 천국에 가서 휴식하라"라는 말이 있다. 부사관의 역할과 책임은 2000년 1월에 개정돼 육군 규정에 명시돼 있다. 그 주요 내용은 부사관은 부대 전통 유지와 명예를 지키는 간부로서 직무에 정통하고 모든 일에 솔선수범하며 병들의 법규준수와 명령이행을 감독하고, 군 하부구조 전투력 발휘의 핵심적 역할을 수행하는 것이다. 또한 장교와 역할을 분담해 고유영역에 대한 업무를 수행하는 것으로 결국, 부사관은 소부대 전투력 발휘의 중추적 역할을 수행하는 핵심관리자로서 그 역할과 책임이 명분화 돼 있다.

4. 미래 부사관의 역할과 요구되는 능력

가. 미래의 역할

장차 우리의 안보환경은 우리가 상상하는 것 이상으로 급속하게 변화할 것이다. 따라서, 우리 간부들에게 요구되는 능력과 역할도 변해야 한다는 것은 필연적인 사실이다. 전쟁 양상은 첨단무기 개발로 가공할 파괴력을 가지고 전 전장 동시 통합작전이 전개될 것이고, 안보 · 국방 면에서는 예산과 인력이 제한된 가운데서도 전문 인력의 소요는 증대될 것이다.

이러한 미래 안보환경에서의 간부역할은 전쟁양상 면에서 분권화 작전 수행에 따라 소부대 전투 지휘의 중요성이 증대되고 안보 · 국방 분야에서는 신분별 역할 분담과 인적 자원의 질적 향상, 그리고 간부들의 역할이 확대돼야 할 것이다.

장교와 부사관의 역할 분담과 상호 보완을 통한 부사관의 역할은 소부대 전투지휘자로서, 첨단 무기 및 장비의 전문가로서, 병 교육의 전문가로서 역할이 요구될 것이다. 또한 하부구조의 핵심관리자로서, 장교의 조언자로서, 그리고 부대 전통의 계승자로서 역할이 요구될 것이다.

나. 요구되는 능력

이러한 역할 수행을 위해 요구되는 능력은 먼저 소부대 전투 지휘자로서 전투준비태세 유지와 소부대 전투지휘 및 전투근무지원을 위해 미래 전장환경 상황 하에서의 지휘통솔 능력과 장교에 버금가는 전술지식 및 식견이 요구된다. 특히 첨단무기 및 장비의 전문가로서 무기 및 장비의 운용과 유지 그리고 운용병을 교육 · 지도 하기 위해 편제된 무기 및 장비조작과 운용, 정비 및 교육능력과 전산업무처리 능력이 요구된다. 또한 병 교육의 전문가로서는 병기본 · 주특기 · 소부대 전투기술 지도 및 교관능력 구비와 병 개인 훈련에 대한 계획 · 준비 · 실시 · 평가능력을 갖춰야 한다.

하부구조의 핵심관리자로서는 병과 부사관의 인사관리를 전담하고 내무생활을 지도하고 감독하며 부대관리 및 시설, 보급품 관리 및 군기, 안전지도의 책임을 위해 내무생활 지도능력과 신상파악 및 조치능력 그리고 강인한 체력과 정신력이 요구된다. 그리고 장교의 조언자로서 전문적인 요소와 경험을 기초로 지휘관이 건전한 판단을 할 수 있도록 부대활동 및 병들에 대한 지휘통솔과 기타 업무와 관련된 적절한 조언능력을 갖춰야 한다. 끝으로 부대전통 계승자로서 부대정신과 소속감, 그리고 전우애 고취와 부대를 단결시키고 전통 계승을 위해 끊임없는 자기계발 노력과 병행 해 전문 직업인으로서의 윤리의식을 구비하고 진정한 주인 의식을 갖춰야 할 것이다.

5. 바람직한 부사관상 구현

가. 의식분야

군이 어려운 상황에서 제 자리를 지킬 수 있었던 것도 알고 보면 눈에 보이지 않는 바로 부사관의 애국심과 희생정신에서 비롯됐다고 생각한다. 그리고 열악한 여건 속에서도 국가와 부대를 위해 책임을 다했던 분들도 부사관 여러분이었고, 지휘관에게 끝까지 충성을 다한 것도 바로 부사관이었다. 1949년도의 송악산 전투시, 위급한 상황에서 서부덕 상사를 포함한 부사관 10명이 "소대장님 저희들을 보내주십시오! 저희들이 적의 토치카를 모두 날려 보내겠습니다" 결국 가슴에 포탄을 안고, 적 토치카에 투신하여 진지를 폭파시키고 장렬히 산화한 것은 조국에 대한 무한한 충성과 불굴의 투혼정신이었다. 그들이 바로 다름 아닌 우리의 선배 부사관들이었다.

6·25 전쟁 초기 한강 방어선에서의 일화를 보면, 맥아더 장군이 한강 방어선을 시찰할 당시 진지에 배치된 어느 부사관에게 "귀관은 언제까지 이 곳에 있을 것인가?"라고 물었을 때 "군인이란 명령에 따를 뿐입니다. 저는 철수 명령이 없는 한 제 목숨이 다하는 순간까지 이 곳을 지킬 것입니다."라고 답했다고 한다. 그 순간 맥아더 장군은 우리 부사관에게서 불타는 전투의지를 확인하고 미군 투입을 결심하게 되었다는 일화가 있다.

다음은 열린 사고와 적극적인 근무자세이다. 우리 군의 간부들은 현실에 안주하는 그런 근무 분위기는 일소하고 "일일신 우일신"의 근무자세로 업무에만 전념하는 풍토를 조성해 나가야 한다.

또한 천직으로서의 직업의식과 진정한 주인의식을 견지하는 것이다. 나를 키워 교육도 시켜 주었고, 살아온 일생동안 만족스러운 시간을 부여해주는 등 국가와 군덕택으로 수십년간 온전하게 생활을 영위해 온 만큼 감사하는 마음을 가져야 하며 현 직책에 만족하고 최선을 다해야 한다. 지금 내가 맡은 업무가 가장 중요하고 그리고 "지금 내가 함께하고 있는 주변 사람들이 가장 소중한 사람이라는 인식을 갖는 것이 중요하다."고 생각한다. 따라서 누가 보든 안 보든, 시키든 시키지 않든 찾아서 업무를 수행해야 한다.

나. 부대활동 분야

부사관들이 부여된 직책에 대해 최고 전문가가 될 때 부사관의 위상은 저절로 격상될 것이다. 이를 위해서는 부사관 스스로가 전문 직업인으로서의 역할에 자긍심을 가져야 한다.

미 부사관 복무신조에 나오는 "나보다 더 이상의 전문가는 없다"는 구절처럼 풍부한 전문성을 가진 소부대 교육훈련의 전문교관 역할에 무한한 자부심을 가져야 한다.

부사관들은 소부대 전투의 달인이다. 6 · 25전쟁으로부터 베트남전, 최근의 대침투 작전에 이르기까지 우리 부사관들이 이룩해 낸 소부대 전투에서의 활약상은 이루 다 말할 수가 없다. 부사관들은 이러한 전투기술을 병사들에게 가르쳐야 한다. 부사관은 하부구조의 핵심 관리자로서 가정에서의 어머니와 같은 존재이다. 병들의 내면생활을 꿰뚫은 상태에서 자식이나 동생을 지도하듯 병들을 관리하고 가르쳐야 한다.

부사관들은 부대의 전통을 계승하고 발전시키는 산 증인이다. 부대의 전통과 뿌리를 통해 부대원들의 소속감과 애대심을 고취시켜 전투력을 발휘하는 무형전력으로 승화시키는 중요한 역할을 담당한다. 또한 부대가 화합 · 단결의 전통을 계승하기 위해서도 부사관의 역할은 대단히 중요하다.

다. 생활분야

부사관들은 지역사회에서 참사랑을 실천하는 일에 앞장서고 있으며 국민으로부터 사랑 받고 국민에게 믿음을 주는 군대 육성의 선봉에 위치한다. 또한 '부사관 단'을 중심으로 동료의식을 강화해 기쁨과 슬픔을 함께 나누는 숭고한 전통이 우리의 병영에 따뜻한 인정의 꽃으로 피어나고 있다.

다음은 생활인으로서 건전한 자세를 견지해야 한다. 한 가정의 성패는 가장에 의해 좌우되고 바람직한 가치관이 있으면 '풍족하지는 않지만 부족하지도 않다'는 여유로움 속에서 생활할 수 있다. 선배 부사관들이 후배 부사관들에게 근검절약하는 모범을 보여 훌륭한 후견인이자 조언자 역할을 수행해 후배 부사관들도 건전한 생활인으로 성장할 수 있도록 이끌어야 한다.

라. 바람직한 구현방안

이러한 부사관상 구현을 위해서는 점진적이고 장기적인 안목으로, 정책 부서에서는 여건조성과 제도적 뒷받침을 해주고 교육기관에서는 교육을 통해 전문지식을 함양시켜야 한다. 또 야전부대에서는 각급 제대 주임원사와 같은 선도집단이 지속적인 실천의지를 보이고 지휘관들의 관심이 절대적으로 필요하다. 그리고 무엇보다 중요한 것은 부사관들 스스로가 변화의 계기를 마련해야 한다는 것이다.

그 구현 방향은 먼저 부사관이 역할과 책임을 다할 수 있는 여건조성과 장교 · 부사관 공히 의식전환 및 공감대를 형성한 가운데 각급 제대 부사관단과 주임원사들 구심점이 돼 주도적 역할을 해 주어야 한다. 나부터, 작은 일부터 지속적으로 실천하는 것이 중요하다.

바람직한 부사관상 구현을 위해 제대별로 해야 할 역할로 정책 부서에서는 제도 개선을 통해 부사관의 자긍심을 고취시키고 부사관 종합발전 계획을 강력히 추진해야 한다. 교육기관에서는 전문지식 함양을 위해 교육 과정별 전문능력 구비를 위한 교육의 '질' 을 향상시키고 부사관 학교가 '부사관의 요람'으로서의 역할을 수행해야 한다.

야전부대에서는 부사관들이 중심이 되어 '붐'을 조성하고 실천하며 자질 우수자 선발을 위해 부사관들이 노력해야 하며 자기계발 노력 우수자에 대해서는 포상 · 진급 등에서 우선권을 주는 등 동기를 부여해야 한다. 또한 일과후 개인의 능력계발을 위해 부사관들과 지휘관들이 시간을 보장해 주고 격려하는 등 여건을 보장해야 한다. 결국 외형적 요소보다는 자기계발을 통해 전문성을 구비하는 등 내실이 중요하다고 하겠다.

우리 군은 부사관이 군의 중추요 전투력 발휘의 핵심이라는 인식 하에 부사관의 위상제고와 권위신장을 위해 육군 부사관 종합발전계획을 적극 추진해 오고 있다. 그 결과 위상 및 역할 면에서 부사관이 역할과 책임을 정립해 정착 중에 있고 주임원사의 권위신장과 활동여건도 크게 개선되고 있다.

부사관 자원획득 및 교육면에서는 우수자원 획득을 위해 과감한 투자와 노력을 병행, 획득된 자원들의 능력계발을 위한 교육확대와 각 학교 교육과정의 교육체계 개선, 5만여 부사관의 요람인 부사관 학교의 '시설 현대화 계획'을 2006년도까지 총 761억원을 투자해 추진 중에 있다.

또한 인사관리 면에서 전 · 후방 계획인사 제도를 제한적으로 시행하고 있고 기타 평정 및 진급제도를 현실적으로 개선했다. 사기 및 복지분야에서도 복지개선은 물론, 부사관명칭 개선과 원사들의 직급이 상향 조정됐다.

결론적으로 부사관 역할과 책임을 구현하고 부사관의 위상을 한층 격상시키기 위해서는 육군의 정책적인 분야 발전과 병행해서 부사관들 스스로가 변화의 주체가 되어 사명감을 견지하고 역할과 책임 완수에 전력할 때 부사관의 위상은 자연스럽게 격상될 것이라고 확신한다. 이는 바로 우리 군이 강군으로 가는 지름길이기도 하다.

부 록

부록 1 병영생활행동강령 지침

가. 시행지침

(1) 육군 일반명령 제03-21호(2003. 8. 5)로 하달한 「병영생활 행동강령」을 철저히 준수

병영생활 행동강령
첫째, 분대장을 제외한 병 상호간에는 명령이나 지시, 간섭을 금지한다. 둘째, 어떠한 경우에도 구타 및 가혹행위를 금지한다. 셋째, 폭언, 욕설, 인격모독 등 일체의 언어폭력을 금지한다. 넷째, 언어적·신체적 성희롱, 성추행, 성폭행 등 성군기 위반 행위를 금지한다.

(2) 장병 교육강화

(가) 교육기관은 양성/보수교육 과정의 정과교육 시간에 반영

1) 교육대상 : 전 과정(지휘관반/신교대 포함), 교육시간 : 과정별 2H이상

(나) 야전부대는 월 단위로 주기적인 재교육 실시(부대정밀진단에 통합하여 시행 : 부대관리 주)

(3) 병영생활 행동강령 위반자는 육군 일반명령 위반사항으로 형사입건 또는 징계처리

나. 세부 적용기준

(1) 분대장을 제외한 병 상호간 명령, 지시, 간섭을 금지한다.

분대장을 제외한 병 상호간은 수평적 관계이다. 병 계급은 조직 내에서 상하관계를 구분하는 기준이 아니고 복무기간과 직무 및 병영생활 관련 숙련도를 표시하는 기준이다. 따라서 입대서열에 의한 위계질서 유지는 척결되어야 하며 분대장을 제외한 병 상호간에는 명령, 지시, 간섭을 금지한다.

(가) 병 상호간 관계 및 분대장 지위

1) 의무복무를 수행하는 병 상호간의 관계는 기본적으로 수직적인 상하관계가 아니라 수평적 동반 관계이다. 단, 분대장은 조직 편성 및 임무수행 목적상 일반 병보

다 상관의 위치를 인정한다. 분대장 공석시 부분대장이 분대장의 지위를 승계한다.

2) 분대장의 지위 및 역할(근거 : 병영생활지도지침서)

가) 분대장은 분대의 지휘통솔자로서 일반 병사보다 직무 수행상 상관의 위치에서 분대를 지휘 통솔하며 분대의 성패에 대해 책임을 진다

나) 분대장은 소대장으로부터 위임받거나 지시 받은 임무를 수행하며, 이를 자신이 실천하고 확인 및 감독한다.

다) 분대장은 분대의 핵심으로서 스스로 제 규정 및 명령지시를 솔선수범하고 부단한 정신교육과 훈련을 통하여 분대의 군기를 확립하여 고도의 단결과 사기를 유지한다.

라) 분대장은 내무생활을 직접 지도하며, 동고동락을 통하여 분대원을 계속 관찰하고 분대원의 신상파악과 복무 부적응자에 대한 면담, 지도 및 애로사항 건의 등 전우애를 북돋아 골육지정으로 단결된 화목한 병영 분위기를 육성한다.

마) 분대장은 분대에 지급된 장비 및 보급품을 손질하고 정비해서 항상 사용가능 상태로 유지한다.

바) 분대장은 분대를 대표하여 소(중)대 의사결정에 참여한다.(상향식결산 등)

사) 분대장은 부여받은 권한, 임무, 책임 등을 분대원에게 위임할 수 없다.

아) 분대장은 분대원들에 대해 아래와 같은 사항을 할 수 있다.

예) ㉮ 소대장의 지시 · 위임에 의해 분대 정신교육 및 얼차려 교육 ※ 얼차려 시에는 제식훈련, 구보 등 정상적인 방법에 한함 ㉯ 교육훈련 수준 미달자 추가 교육 등

(나) 금지 및 준수사항

1) 분대장을 제외한 병 상호간에는 직무수행과 관련 없는 명령이나 지시, 간섭을 금한다.

예) ① 분대장이 아닌 선임병이 행군훈련간 낙오한 후임병을 격려하고 도와주는 것은 가능하나 질책, 비난, 얼차려 등 책임 추궁은 금지 ② 선임병이 분대장의 지시를 받거나 또는 스스로 후임병을 군기 잡을 목적으로 집합시키는 행위 금지 ③ 내무실에서 후임병에게 물떠오기 등 잔심부름을 시키는 행위금지 등

2) 분대장 통제를 벗어난 조 단위 임무수행이 필요한 경우 직무와 관련된 제한적인 범위 내에서 지명된 인원에 한하여 병 상호간 지시를 허용한다. 단, 직무와 관련한 지시는 교육훈련, 작전, 근무, 작업 등 해당임무 수행과 관련하여 필요한 사항으로 한정한다.

예) ① 전술훈련 및 작전간 임무수행에 관한 지시 ② 포술 훈련간 사수가 부사수·탄약수 등에게 사격 임무수행과 관련한 지시 ③ 각종 교육간 병 조교가 피교육생에게 교육진행 관련 지시 ④ 경계근무간 조장이 조원에게 경계 근무관련 지시 ⑤ 조를 편성한 작업간 작업도구 확인, 작업방법에 관한 지시 등

3) 선임병이 임무수행과 관련하여 자신의 경험과 Know-How 등을 후임병에게 자상하게 알려주고 지도하는 것은 적극적으로 실시해야 하나 이를 구실로 후임병을 괴롭히거나 질책해서는 안된다.

병영생활간 후임병의 불손한 언행과 임무수행 태도 등으로 제재가 필요하다고 느낄 경우 해당 병사는 소속 분대장에게 이를 보고하고 분대장은 소대장에게 보고하는 등 필요한 조치를 반드시 강구해야 함

4) 병영생활간 선임병이 후임병을 동생처럼 보살피고 애로사항을 해결하기 위해 상담 및 확인하는 것 등은 적극 권장한다.

5) 기타 내무생활 임무분담제(육군 복무규정 36조 참조)를 적용하되 판단하기 어려운 사항에 대해서는 위 기준을 적용하여 판단 및 조치한다.

(다) 위반자 처벌

병 상호간 금지 및 준수사항 위반 행위자에 대해서는 사안에 따라 지시사항 위반자로 간주 **형사처벌 또는 징계처리**

(2) 어떠한 경우에도 구타 및 가혹행위를 금지한다.

우리 민족은 예로부터 「**身體髮膚 受之父母**」라 하여 **신체에 대한 폭력이나 손상을 불효**로 간주하는 인본주의적 전통을 갖고 있었으나 일제시대의 잘못된 우민화 정책으로 오늘날까지 구타/가혹행위가 우리 군에 잔존하고 있어 **민족적 자존심 회복 차원에서 이를 발본색원** 해야 함

(가) 구타 및 가혹행위 정의

1) 구타란 ?

고의로 주먹, 발, 손바닥, 팔꿈치, 머리 등 신체와 봉과 막대기, 야전삽, 총기 등 도구로 타인의 신체에 접촉하여 통증을 유발시키는 일체의 행위

2) 가혹행위란?

정상적인 훈련 및 규정된 얼차려를 제외한 비정상적인 방법으로 타인에게 육체적, 정신적인 고통과 인격적인 모멸감을 주는 일체의 행위

※ 비정상적인 방법이란 법과 규정에 어긋나는 방법과 정상인의 상식을 벗어난 지나친 방법 등을 말함

(나) 금지사항

구분	대 표 적 유 형	별 목
내 무 생활간	● 동작이 느리고 군기가 빠졌다는 이유로 주먹과 발로 구타	폭행죄
	● 내무실 정리정돈 및 청소상태가 불량하다고 집단 구타	폭처법위반
	● 선임병 호칭시 존칭 미사용 및 경례자세 불량 등으로 구타	폭행죄
	● 취침 자세가 불량하다고 이마 및 눈부위 등을 구타	폭행죄
	● 어리숙하거나 똑똑한 후임병을 왕따시키고 괴롭히기	강요죄
	● 개인고충을 상급자에게 알렸다고 괴롭히고 질책하기	강요죄
	● 플라스틱 음료수 병에 물을 넣고 구타하고 다 마시게 하기	강요죄
	● 반합에 치약, 구두약, 총기기름을 섞어 마시게 하기	상해죄
	● 침상에 앉아서 양말 / 전투화 착용을 못하게 하기	강요죄
	● 차려자세 또는 앉아서 벽만 보고 있기	강요죄
	● 건빵에 치약 묻혀 먹이기, 지렁이/무당벌레 먹이기	강요죄
	● 간부 퇴근후 계급별 선임자가 하위계급 전원결산 및 얼차려 주기	강요죄
	● 군용전화기를 이용 신호전류로 쇼크 유발시키기	상해죄
	● 화장실에 가고 싶은데 못 가게 하기	강요죄
	● 이등병은 복지시설(PX, 탁구장 등), 공중전화 사용 못하게 하기	강요죄
	● 이등병은 TV시청, 휴일 오침 금지하기	강요죄
	● 웃으면 군기가 빠졌다고 웃지 못하게 하기	강요죄
	● 축구경기시 이등병은 걸어서는 안되며 계속 뛰기	강요죄
	● 화장실 변기에 머리박고 물내리기 등	폭행죄
취침간	● 신병 전입시 취침전 노래하고 춤추기 강요하기	강요죄
	● 선임병 안마하고 자신이 잠든 후 취침하기	강요죄
	● 머리 들고 취침하거나 50분 자고 10분 휴식하게 하기	강요죄
	● 후임병 취침시 후레쉬 불을 계속 비추게 하기	폭행죄
	● 여름철 체육복입고 침낭에서 또는 모포 덮고 취침하기	강요죄
	● 코골이 병사를 때리거나 깨우고, 잠자리를 외곽으로 옮기기	폭행죄
	● 코골이 병사 방독면 착용하고 취침시키기	강요죄
	● 후임병 교육, 얼차려 목적으로 계속 말을 시켜 잠 안재우기	강요죄
	● 이등병은 부동자세로 '각'을 잡고 취침하기	강요죄
	● 취침 소등후 후임병에게 재미있는 이야기 강요하기 등	강요죄

구분	대 표 적 유 형	벌 목
식사간	• 이등병 식기세척이 불량하다고 식판으로 머리 때리기	폭처법위반
	• 생마늘, 양파 등을 강제로 취식 시키기	강요죄
	• 식사량을 적게 하거나 1분 이내에 먹도록 강요하기	강요죄
	• 식사후 곧바로 쵸코파이, 건빵, 햄버거빵 등을 강제 취식시키기	강요죄
	• 반찬과 물을 못 먹게 하고 밥만 먹게 하기	강요죄
	• 밥을 고추장 등에 비벼먹거나 물에 말아먹지 못하게 하기	강요죄
	• P.X에서 먹기 싫은 음식을 계속 먹이기	강요죄
	• 사과, 배의 씨앗 등 먹을 수 없는 부분을 먹도록 강요하기	강요죄
	• 잔반, 후식 등 여러명 분을 1명이 먹도록 강요하기	강요죄
	• 이등병은 냉·온수기 물을 못 먹게 하기 등	강요죄
경 계 근무간	• 보초일반수칙, 관측요령 등 숙지 미흡으로 구타	폭행죄
	• 선임병 보다 30분 먼저 기상하여 경계근무 대신 준비하기	강요죄
	• 경계근무 도중 M60기관총으로 총검술 하기	강요죄
	• 경계근무간 시종일관 재미있는 이야기 강요하기	강요죄
	• 문제 후임병 손가락으로 또는 한발로 총 들고 서있기	강요죄
	• 근무시간 내내 질문, 유행가 / 군가 100곡 도전하기	강요죄
	• 근무간 존다고 때리거나 기마자세 취하기	강요죄
	• 여름철 근무시 졸았다고 하의 내리고 일정시간 모기한테 뜯기기	강요죄
	• 근무지에서 1:1로 계속 잔소리하기	징계
	• 근무 초소벽에 물구나무서기 / 방독면 쓰고 군가하기 등	강요죄
교 육 훈련간	• 교육훈련내용 숙지불량으로 때리거나 갈구기	강요죄
	• 행군 / 구보간 낙오하였다고 질책, 욕설하기	모욕죄
	• 무거운 물건/장비 들고 앉았다 일어섰다 계속하기	강요죄
	• 주특기 능력 부족 후임병 한곳에 계속 겨냥대 꽂기 등	강요죄

(다) 위반자 처벌

1) 구타 / 가혹행위자

구 분		처 벌 내 용
형사처벌	형 법	• 상 해 : 7년 이하 징역 • 중상해 : 1년 이상 10년 이하 징역 • 폭 행 : 2년 이하 징역 • 특수폭행 : 5년 이하 징역 • 폭행치사상 : 7년 이하 징역 또는 1년 이상 10년 이하 징역 • 강요죄 : 5년 이하 징역 • 모욕죄 : 1년 이하 징역 • 협박죄 : 3년 이하 징역
	폭력행위 등 처벌에 관한 법률	• 폭 행 : 상해/폭행시 3년 이상 유기징역, 형의 ½ 가중 • 집단폭행 : 3년/5년/7년 이상 유기징역
	군형법	• 상관폭행/협박 : 5년 이하 징역, 상관 집단폭행/협박 : 5년 이상 징역 • 상관 특수폭행 : 10년 이상 징역, 상관 폭행치사상 : 5년 이상 징역 • 초병폭행 : 3년 이하 징역, 초병 집단폭행 : 2년 이상 유기징역 • 초병 특수폭행 : 10년 이상 유기징역 • 초병 폭행치사 : 사형, 유기징역, 3년 이상 징역 • 가혹행위 : 5년 이하 징역

구 분		처 벌 내 용
징계	간부	● 중한 자 : 중징계, 현역복무 부적합처리 ● 경한 자 : 경징계
	병	● 자체징계(영창), 기본권 제한

2) 구타 및 가혹행위 관련자

가) 구타 및 가혹행위의 직접적인 가해자 외에 조력자도 사안에 따라 형사입건 또는 징계 처리

나) 구타를 당한자도 원인을 규명하여 이유 있을시 형사입건 또는 징계처리

다) 구타를 부지(不知), 은닉, 묵인 시에는 분대장, 부소대장, 소대장, 당직 무자 및 지휘관 등을 연대 문책하여 징계회부

(3) 폭언, 욕설, 인격모독 등 일체의 언어폭력을 금지한다.

> **폭언, 욕설, 인격모독, 정신적 고통을 주는 비속어 등 언어폭력은** 상대방의 자존심과 인격에 치명적인 상처를 주는 일체의 말들로서 무심코 던진 말들이 흉기가 되고 지워지지 않은 원한의 상처를 남기고 **병영 악성사고의 씨앗**이 되므로 **언어폭력을 병영 내에서 척결**하여 전우애가 넘치는 **건전한 언어문화를 정착**

(가) 용어정의

1) 폭 언 : 상대방의 입장과 주변을 고려하지 않고 사납고 거칠게 하는 말

2) 욕 설 : 통념상 상스럽고 상대방을 욕되게 하는 말

3) 인격모독 : 개인의 약점을 들춰내거나 자신의 계급적 권한을 이용해 상대방의 마음에 상처를 주는 행위

4) 잘못된 언어문화 : 상대방이 정신적 고통을 느낄 정도의 비난성 발언이나 상스럽고 저속한 말을 사용하는 것

(나) 금지 및 준수사항

1) 금지사항

대 표 적 유 형	벌 목
● **개인의 능력을 무시하는 말**	
ㅇ 너 도무지 할 줄 아는 게 뭐냐?	모욕죄
ㅇ 네가 하는게 다 그렇지 뭐	모욕죄
ㅇ 야 임마, 그것도 모르냐, 병신 같은 새끼 등	모욕죄

대표적유형	벌목
● **신체적인 약점을 비하시키는 말**	
○ 키는 짜리몽땅해 가지고 하는 일이 그게 뭐냐	모욕죄
○ 대가리는 큰데 들어있는 게 있어야지 등	모욕죄
● **부모나 집안을 욕되게 하는 말**	
○ 니네 엄마도 너 같은 놈 낳고 미역국 먹으며 좋아했지	모욕죄
○ 네 자식이 너 닮을까 걱정된다 등	모욕죄
● **자존심을 상하게 하는 말 등**	
○ 이등병만도 못한 새끼	모욕죄
○ 국민학교(초등학교)는 제대로 나왔냐?	모욕죄
○ 밥도 처먹지 마라, X놈아	모욕죄
○ 쥐새끼 같은 놈, 나이는 어디로 처먹었냐?	모욕죄
○ 너 군기교육 갈래 영창갈래, 전역시까지 영내대기 등	협박죄

2) 건전한 언어문화 정착을 위한 준수사항

가) 저속어 사용 금지

- 신병(후임병) : 병아리, 신삥, 막내, 쫄따구, 얼라, 잔챙이, 아그야
- 전역 임박자 : 말호봉, 갈참, 왕고, 투고
- 간부 : 쏘가리 · 쏘탬(소대장), 중빵 · 중댐(중대장), 사장님(사단장) 등

나) 비난 및 멸시성 은어 사용금지

- 말똥(영관 계급장), 밥풀(위관 계급장), 호박씨(준사관 계급장),
- 막장(지하벙커), 어둠의 자식(현역 입영자), 신의 아들(병역 면제자)
- 부시맨(부연대장), 돌팔이(군의관), 딸랑이(전속부관), 주돌이(주임상사) 등

다) 군인답지 않은 비어 사용 금지

- 동료 또는 하급자에게 "아저씨" "저기요", "여기요" 호칭
- 짱박히다(숨다), 씹창나다(교육훈련하다), 깨지다(혼나다),
- 빡세다(힘들다), 야리다(쳐다보다), 쏘다(한턱내다), 이빨까다(잡담하다)
- 쪼개다(웃다), 구라치다(거짓말하다), 짱보다(망보다)
- 개 목거리(군번줄), 개구리(전역병 예비군 마크) 등

라) 자신이 소속된 군 · 부대 · 개인에 대한 비하 언행 금지

- 장병 스스로 '**군발이**'로, 위병근무자 스스로 '**경비**'로 호칭
- 부대명칭으로 악성 삼행시를 퍼뜨리며 복무 염증 유발행위 등

  ※ 00부대 : 이놈의 부대, 00부대도 아니면서, 오로지 작업만 하는 부대

마) 군대 특유의 과장 또는 악쓰기 답변 지양

- 악을 쓰며 반복적으로 관등성명 복창
- 무엇이 잘못된 줄도 모른 채 답변 : 시정하겠습니다.
- 상급자와 대화시 대화 말미에 의례적으로 반복 사용 : 말입니다
- 알아들을 수 없는 큰소리로 복명복창
- 턱을 들고 허공을 바라보며 쉰 목소리로 경례 구호(특히, 위병근무자)
- 유격 · 신병 훈련시 교관, 조교의 잘못된 관습 : 알겠씹니까? 등

바) 듣기 싫어하는 말 사용금지, 좋아하는 말 적극 장려

구분	순위	상급자로부터(선임병, 간부)	하급자로부터
싫어하는 말	1	할 줄 아는 게 뭐야?	왜 그러십니까?
	2	어리버리해! 지금 뭐하냐!	뭐 말입니까?
	3	짬밥을 거꾸로 먹냐?	똑바로 하십시오
	4	너는 왜 그리 멍청하냐?	전 잘못 없습니다
	5	군기교육대 갈래, 영창갈래?	아는 척하지 마십시오
	6	휴가 짤라야겠군. 군장 싸라	어쩔 수 없습니다
	7	억울하면 군대 빨리 오지	왜 저한테만 그러십니까?
	8	빠져 가지고	저도 모르겠습니다
	9	네가 하는 게 다 그렇지 뭐	뒤에서 수근거릴 때
	10	초등학생만도 못한 놈 등	짠밥은 어디로 먹었어 등
좋아하는 말	1	수고했다	수고하셨습니다
	2	참 잘했다	감사합니다
	3	널 믿는다	멋있습니다
	4	너밖에 없다, 역시 너다	전역때 꼭 연락처 주십시오
	5	너도 할 수 있어	제가 도와 드리겠습니다
	6	그럴 수도 있지 뭐, 괜찮다	힘 내십시오
	7	P.X가자, 포상휴가 가야겠다	제가 한턱 내겠습니다
	8	조금만 참으면 군생활 금방 간다	군생활 얼마 안남았습니다
	9	고마워	예, 알겠습니다
	10	기특한 일이야 등	능력 있습니다. 등

우리의 병영에서는 어떠한 언어가 사용되고 있을까?
어떤 말들이 우리의 마음을 병들게 하고 상처를 주고 있는가?
그 말은 바로 상대방의 인격을 무시하는 말이었다.
또한 힘들고 어려울 때 용기와 격려가 되는 말, 죽음의 문턱에 서 있는 병사를 구하는 말, 우리의 가슴을 따뜻하게 하고 새 힘을 공급해 주는 말은 무엇일까? **그 말은 바로 가장 평이한 인정의 말이었다.**

(다) 금지사항 위반자 처벌

형사처벌(형법)	징계 처리(형사처벌 사안이 아닌 경우)	
• 협박죄 : 3년 이하 징역 • 모욕죄 : 1년 이하 징역	간부	• 중한 경우 : 중징계, 현역복무 부적합 처리 • 경한 경우 : 경징계
	병	• 자체징계(영창), 기본권 제한

(4) 언어적 · 신체적 성희롱, 성추행, 성폭행 등 성군기 위반 행위를 금지한다.

성적관심과 분출 욕구가 가장 왕성한 조직의 특성과 군내 여군인력 확대 등으로 성군기 위반행위 발생 개연성이 증대되고 있으며, 특히 성군기 위반사고는 군내 · 외에 미치는 영향이 크고 가해자 및 피해자의 **인격과 생활에 치명적인 손상**을 주므로 철저한 예방활동 필요

(가) 용어정의

성군기 위반사고는 성을 매개로 군기강을 문란하게 하여 부대 단결을 저해하거나 군 위상을 실추시키는 성희롱과 성추행, 성폭행 등을 말함

(나) 금지 및 준수사항

1) 금지사항(근거 : 국방부 성군기 위반사고 예방 안내서, 2001. 6)

구분	대 표 적 유 형	벌 목
공통사항	• **침대, 침낭에 2명 이상 동침 행위** (단, 내무실이 협소하여 매트리스 2장을 3명이 사용할 경우에는 밑에 까는 모포, 포단 등은 함께 사용 가능하나 위에 덮는 모포, 포단은 각자 사용한다. 훈련, 작전으로 야외숙영시 등 특수한 경우에는 예외로 한다) • 군 숙소(관사, BOQ, BEQ, 복지시설 등)에 배우자(약혼자) 이외의 남녀가	전 항목 징계처리

구분	대 표 적 유 형	벌 목
	단둘이 있는 행위 ● 남녀 군인의 숙소에 각각 이성의 군인이 단독으로 출입하는 것은 원칙적으로 금지하나 업무관계상 출입시는 상대방의 허락을 득한 후 가능하며 22:00이후 출입은 제한 ● 회식간 여군(군인가족 포함)에게 주량 이상의 술을 강권하는 행위 ● 회식 후 남 · 녀 군인간의(군인가족 포함) 개별적인 술자리 참석 ● 사무실 등에서의 성행위, 음란행위 등	
성 희 롱	● **언어적 행위** ○ 음란한 농담이나 음탕하고 상스러운 이야기 ○ 외모에 대한 성적인 비유나 평가 ○ 여성이 있는 것을 의식하면서도 음담패설, 접대부와 함께 술을 먹으면서 있었던 이야기 등을 말하는 행위 ○ 은연중 여성에게 남자관계 등 사생활을 물어보는 행위 ○ 여성들을 꽃에 비유하여 비하할 때 ○ 평소 자신의 성행위를 의미하는 각종 언동 ○ 여성 신체에 대한 비하 언동 또는 농담 등	전 항목 징계처리
	● **시각적 행위** ○ 음란한 사진, 그림, 낙서, 음란 출판물 등을 게시하거나 보여주는 행위(컴퓨터 통신 포함) ○ 직접 또는 팩스나 컴퓨터 등을 통해 음란한 편지, 사진, 그림 등을 보내는 행위 ○ 손가락으로 성교를 암시하는 표현을 하는 행위 ○ 여성들이 옆에 있는데도 음란 도서나 음란 사이트를 보는 행위 ○ 여성 앞에서 특정 신체 부위를 계속 주시하거나 입술, 눈 등으로 성적인 표현을 하는 행위 등	전 항목 징계처리
	● **육체적 행위** ○ 부착물이 잘못되었다고 직접 고쳐주면서 신체를 만지는 행위 ○ 대화 중에 아무 생각 없이 신체 일부를 툭툭 치면서 말하는 행위 ○ 칭찬 또는 격려하면서 포옹, 머리, 어깨, 엉덩이 등 신체 일부를 만지거나 쓰다듬는 행위 ○ 격려한다는 명목으로 볼을 꼬집거나 악수를 청하면서 검지로 상대의 손바닥을 긁는 행위 ○ 술자리에서 은근히 무릎이나 어깨에 손을 올려놓는 행위 등 ● **성적 봉사를 요구하는 행위** ○ 회식 자리에서 옆자리에 앉혀 술을 따르도록 강요하는 행위 ○ 어깨나 팔, 손, 다리를 주무르라고 시키는 행위 ○ 음식물을 먹여주도록 지시/강요하는 행위 ● **통념상 성적 굴욕감을 유발하는 것으로 인정되는 언어나 행동 등**	전 항목 징계처리
성 추 행	● **이성간** ○ 상급자가 강제로 하급자의 신체부위를 만지거나 포옹, 입맞춤, 껴안는 행위 ○ 상급자가 하급자를 불러 안마나 애무 등을 강요 행위 ○ 여군숙소에 몰래 들어가 가슴 등을 만지는 행위 등 ● **동성간**	강제추행죄 강제추행죄 강제추행죄

구분	대 표 적 유 형	벌 목
	ㅇ 후임병에게 성경험 발표 및 성행위 흉내내기 강요	성추행(군법)
	ㅇ 선임병이 후임병의 성기를 만지는 행위	성추행(군법)
	ㅇ 상관이 하급자에게 구강성교를 요구하는 행위	성추행(군법)
	ㅇ 침상, 침낭에 동숙을 요구하고 신체를 애무하는 행위	성추행(군법)
	ㅇ 후임병에게 오럴섹스, 자위행위 강요	성추행(군법)

부록 2 참모부 담당관 주기별 주요업무

1. 인사 담당관

구 분	주 요 업 무
일 일	● 금일 실시사항 확인 ● 상황보고 내용 확인 / 전파 ● 병력 변동 확인(일보확인) ● 주요 업무 추진 ● 군기 위반자 단속 ● 일일결산(지휘관 지시사항, 명일예정사항) ● 기타 부여된 업무 수행 ● 명일 전역자, 휴가자 확인 ● 교육훈련 준비상태 점검
주 간	● 상급부대 주요 예정사항 확인 / 전파 ● 전입신병 인솔/사고 ● 사고예방 활동(5대악성사고 중점) ● 각종 인사명령 작성 / 보고 ● 부사관 내무검사 ● 우편물 분리상태 / 점검 / 수취상태 점검 ● 실습계획표 교육훈련 여건에 맞게 작성 ● 포대 전투편성표 최신화 상태 점검
월 간	● 월간 주요 예정사항 확인 ● 일일명령 발령 ● 병 신청 / 병력결산 확인 ● 병 진급 / 전역 / 보직업무 명령 발령 ● 각종 자금 신청 / 결산 확인 ● 각종 서약서 유지 ● 국기게양식 준비 ● 태권도 승급심사 측정 ● 포대별 순환식 주특기 능력상태 점검
분기/반기	● 무료 군사우편물 발송현황 종합 보고/확인 　○ 지휘서신, 무료군사우편 ● 병군사특기 재분류 상신 ● 태권도 승단 심사 ● 동원 자원의 날 행사 참가 ● 간부 휴가/ 외박계획 수립 ● 분기 양식지 수령 ● 장교 예상 손실 판단 보고 ● 일반 사업비 사용 계획(반기자금)/결과 편철 확인 ● 전반기 성과 분석(인사과)
연 간	● 대대창설 기념 행사 준비 ● 정기 체력검정 ● 정기 / 추가 평정실시 ● 장교 / 부사관 지휘추천

구 분	주 요 업 무
	● 연가 보상비 신청 ● 소득세 연말정산 신청 ● 피보험자 건강진단 / 암검사 실시 : 격년제 ● 정기 문서이관 실시 ● 동계 화재사고 예방점검 ● 해빙기 안전사고 예방활동 ● 인사명령지 결산
기 타	● 표창수여 : 표창, 상장 ● 군무 이탈자 발생시 ○ 사고자 수배의뢰 / 상황보고 ● 각종 행사주관 ○ 이·취임식 행사 ● 전역 간부 퇴직금 신청 ● 각종 신고 준비 ● 진지 공사간 안전예방 활동 ● 간부사관 / 단기복무부사관 획득 / 홍보 ● 병력 동원 대체지정명부 수정 ● 전시 완편명부 최신화
월 간	● 월간 주요 예정사항 확인 ● 일일명령 발령 ● 병 신청 / 병력결산 확인 ● 병 진급 / 전역 / 보직업무 명령 발령 ● 각종 자금 신청 / 결산 확인 ● 각종 서약서 유지 ● 국기게양식 준비 ● 태권도 승급심사 측정 ● 포대별 순환식 주특기 능력상태 점검
분기/반기	● 무료 군사우편물 발송현황 종합 보고/확인 ○ 지휘서신, 무료군사우편 ● 병군사특기 재분류 상신 ● 태권도 승단 심사 ● 동원 자원의 날 행사 참가 ● 간부 휴가/ 외박계획 수립 ● 분기 양식지 수령 ● 장교 예상 손실 판단 보고 ● 일반 사업비 사용 계획(반기자금)/결과 편철 확인 ● 전반기 성과 분석(인사과)

2. 정보 담당관

구 분	주 요 업 무
일 일	• 일일기상 파악 / 보고 • 사단 예하대 실시 및 예정사항 파악 • 비밀접수 및 파기 • 영문 및 통제구역 출입증 발급 및 회수 • 보안성검토 / 보안조치 • 위병소 출입통제 • 외래인 부대 출입통제 및 보안조치 • 전산보안 관련 업무 • 비밀합동보관소 운용 • 신원조사 업무 • 비밀취급인가증 발급 및 서약서 집행, 회수 • 비밀복사 통제 • 일일보안 이행상태 확인 • 체신전화(공중전화 포함) 영내 설치 확인 • 개인소유 정보체계(전산) 부대 반입 / 반출 승인 및 보안성 검토 • 일일결산일지 작성 • 보안일일결산
주 간	• 주간기상 접수 / 전파 • 주간 예정사항 작성 • 주간 보안결산 • 주간회의록 작성 • 지휘보고 • 반입 도서 / 기타자료 보안성 검토 • 울타리 점검 • 정보분석장비 셋트 점검 • 비문소각장 정리 / 점검
월 간	• 비밀파기 • 자원매각에 따른 보안성 검토 • 전투지원태세 확인의 날 행사 • 정보월력표 전파 • 월간예정사항 작성 • 월별 간부보안의식 개혁 실천사항 하달 • 보안지도방문 / 불시보안점검 • 불온자료 수거 • 개인보안 수준표 유지
분 기	• 보안업무 성과분석 • 불온 유인물 군내반입 차단 활동 • 지형정보 소모삭제 • 울타리 점검 • 군사자료 수거 • 영·어로인 통제초소 점검 • 비밀안전지출 / 파기훈련 실시

구 분	주 요 업 무
반 기	• 비밀 소유조사 및 재분류 • 암호자재 경연대회 • 부대 위장망 소요제기
연 간	• 비밀관리 기록부 갱신 / 이기 감독 • 보안감사 수검 • 군인가족 보안교육 • 보안 경연대회 • 년간 보안활동 계획 수립 • 문서이기 • 보안내규 수정 • 훈련간 확인 / 점검사항(준비태세, 기타 훈련시)

3. 작전 담당관

구 분	주 요 업 무	
일 일	● 금일 실시사항 / 예정사항 확인 ● 사무실 정리 / 청소 상태 확인 ● 교육보조재료 불출 / 수령 확인 ● 병기본과목 교관 임무 수행 ● 보안일일결산	● 상황보고 내용 확인 /전파 ● 훈련장상태 확인 ● 교육훈련 준비상태 점검 ● 유·무선 통신 소통상태 점검 ● 일일결산 일지 작성
주 간	● 상급부대 주요 예정사항 확인 / 전파 ● 주간 교탄 사용계획 작성 ● 지휘소 장비기능 유지, 배치품목 확인 ● 행정 소모품 확인 /부족분 조치	● 부대별 주간 교육훈련 예정표 종합 / 보고 ● 5'대기조 인원 편성여부 확인 ● 주 지휘소내 장비 / 물자 관리 ● 주간회의록 작성
월 간	● 전투지원태세 확인의 날 행사 ● 부대별 충·효·예 교육성과분석 ● 훈련장 보수상태 점검	● 월간 예정사항 작성 ● 작전과 작전보안 / 안전대책 강구 ● 교보재 청구 / 불출
분 기 / 반 기	● 분기 예정사항 작성 ● 훈련장 사용실태 분석 / 조치 ● 교육훈련 예산 배정 / 보고 ● 교탄 사용계획 / 결과 보고(탄종 / 화기별) ● 부대별 교관 운영상태 확인	● 반기 성과분석 ● 교보재 소요판단 / 청구 ● 지휘소 장비 가동상태 확인
연 간	● 연간 훈련장 사용계획 / 보수 소요계획 수립 ● 교보재 사용결과 보고 ● 훈련장 확인 / 점검사항 확인 ● 부대별 주요훈련 지원사항 파악 / 조치 ● 문서 이기 ● 작전처 예산 사용계획 수립 / 보고	● 교탄 사용결과 보고 ● 연간 업무활용계획 수립

4. 군수 담당관

구 분	주 요 업 무
일 일	• 군수실무자 업무 연락 • 국방물자 시스템 일일 청구조치 현황 파악 • 물자 부족분에 수시 청구 / 불출 • 2종창고 현황판 유지 / 창고보수 • 일반물자 정비소요 발생시 점검
주 간	• 지휘보고 자료 준비 • 일품검사 계획 및 결과보고서 종합 / 청구 / 보급 • 연대 ↔ 중대간 재산정리 • 폐품 보유현황 파악 / 반납 건의 • 창고 청결의 날 행사 추진 • 예하대대 물자 관리상태 점검 • 중대급 전산재산대장 점검
월 간	• 국방물자시스템 오류현황 점검 • 위생구 수령 / 불출 • 천막 구성품별 실태 점검, 이력카드 정리 • 취사장별 점검을 통한 취사기구 부족상태 파악
분 기	• 분기 일품검사 계획 수립 / 하달 • 분기 피복 수령 / 불출 • 치장물자 현황 / 순환주기 확인 • 창고 개방의 날 행사 추진
반 기	• 전투장비 지휘검열 준비
연 간	• 문서 이기 • 전군 재물조사 계획 수립 / 시행

부록 3 부대 정밀진단 과제 목록(예)

1. 인 사 분 야

(육규139 사고예방/안전관리 규정, 부대관리200훈, 병영생활지도지침서 참조)

구 분	진 단 과 제		진단결과
신상파악 및 보호관심 장병관리	인-1	전입신병 신고, 면담 등 신상파악은 면밀하게 실시하는가?	
	인-2	가정, 학교 등과 연계된 입체적인 신상파악을 하는가?	
	인-3	보호관심병사를 제대로 파악(분류) 하였고 최신화 되었는가?	
	인-4	보호관심병사 범주에 구타우려자/전력자, 성추행 우려자/전력자, 상습적인 언어폭력자가 포함되어 관리되는가?	
	인-5	보호관심병사 휴가, 외출 · 외박시 조치는 적절한가?	
	인-6	간부 신상파악은?(사생활 문란, 과다부채, 음주고벽자 등)	
	인-7	보호관심장병 지도 및 관리 방법은 적절한가?	
	인-8	보호관심병사(A급)를 군종장교(상담관)와 1:1관리체계를 유지하는가?	
자살사고 예 방	인-9	자살징후 목록표는 잘 활용하는가?	
	인-10	자살우려자의 애로 및 건의사항은 충분히 수렴 조치했는가?	
	인-11	인성검사 결과를 활용하고 정신질환자, 성격이상자 등을 구분 관리하는가?	
	인-12	자살우려자에 대한 다중 관리체제를 강구하는가? (전우조, 자매결연, 군종, 군의관, 정훈, 주임원사, 상담관 등)	
	인-13	자살사고 예방교육은 적절히 실시하는가?	
	인-14	자살사이트 접속, 마약복용 경험자는 없는가?	
	인-15	적절한 병영 스트레스 해소대책은 강구하는가? (운동, 오락, 자유시간 보장, 외출/외박, 휴가, 환경정리, 샌드백 등)	
	인-16	자살우려자에 대한 적절한 지휘조치를 강구하는가? (인성검사, 보직변경, 부적합처리, 부모면담, 사회봉사활동 등)	
	인-17	자살유발 외부 환경요인은 차단하였는가? (자살장소로 고려되는 곳 통제, 농약, 신나 등 관리 철저)	
구 타/ 가혹행위, 언어폭력 근 절	인-18	구타/가혹행위, 언어폭력 근절 교육은 주기적, 반복적으로 실시하는가?	
	인-20	구타/가혹행위, 언어폭력 색출활동을 주기적으로 실시하는가? (설문, 마음의 편지, 건의함, 상담관 보고, 우체통, E-mail 등)	
	인-21	언어폭력 근절을 위한 금지/준수사항을 지키는가?	
	인-22	상호 의사소통 활성화를 위한 제도가 정착되었는가? (계급별 · 계층별 간담회, 토론회, 면담, 고충신고 등)	
	인-23	내무생활 임무분담제가 규정대로 시행되는가?	
	인-24	병영생활 개선간담회가 실질적으로 시행되는가?	
	인-25	지휘관(자), 부사관, 당직근무자의 취약지역 순찰은 제대로 하는가?	
	인-26	구타 및 가혹행위자, 언어폭력자를 엄정하게 신상필벌 하는가?	

구 분	진 단 과 제		진단결과
성군기 위반사고 예 방	인-27	성군기 위반사고 예방교육은 내실 있게 시행하는가?	
	인-28	내무실은 건제대로 편성되었으며 취침도 그대로 하는가?	
	인-29	침대, 침낭, 모포, 포단 등은 개인별로 사용하는가?	
	인-30	여군 및 여군무원 숙소에 대한 적절한 통제대책은 강구되었는가?	
	인-31	이성의 숙소에 단독으로 출입하는 자는 없는가?	
	인-32	성군기 위반사고 예방을 위한 준수사항이 제대로 이행되는가?	
	인-33	영내 음란물, 음란 인터넷 사이트 접속 등은 차단되었는가?	
	인-34	주기적으로 성군기 위반행위 색출활동을 전개하는가? (설문, 마음의 편지, 건의함, 상담관 보고, 우체통, E-mail 등)	
	인-35	성군기 위반자를 엄정하게 신상필벌 하는가?	
	인-36	성군기 위반사고 발생시 피해자 보호조치를 철저히 강구하는가?	
병 원 관 리 및 내 무 생 활 지 도	인-37	간부 음주운전 사례는 없는가?	
	인-38	중·소대 내에 왕따 당하는 장병은 없는가?	
	인-39	매점 관리병, 취사병, 오폐수 관리병, 회관관리병, 운전병, 당번병 등 지휘 사각지대 근무인원 관리 및 면담은 정상적으로 실시하고 있는가?	
	인-40	내무실에 도난사고는 없는가?	
	인-41	내무실 정리정돈 및 청결상태, 불필요한 물품을 보관하고 있지 않는가?	
	인-42	소·중대내 악습 및 내무부조리는 없는가?	
	인-43	수양록은 실질적으로 기록하고 주기적으로 점검하고 있는가?	
	인-44	전우조 편성은 최신화 되었으며 실효성 있게 시행되는가?	
	인-45	개인 위생상태는 양호하며 각종 시설 및 도구는 잘 갖추어져 있는가?(두발, 면도, 세탁, 세면 등)	
	인-46	정기 외출·외박·휴가 등 서열은 공정한가?	
	인-47	초급간부의 일직근무 후 적절한 휴식은 보장되는가?	
	인-48	간부들의 출·퇴근은 정상적이고 무단 결근자는 없는가?	
	인-49	습관적인 결식 병사는 없는가?	
	인-51	내무실내 금전 거출 행위는 없는가?	
	인-52	휴가 복귀시 규정 위반 물품 반입사례는 없는가?	
	인-53	병사 및 간부의 근무 편성은 공정한가?	
	인-54	부대일지는 규정대로 기재되고 결재하는가?	
	인-55	점호행사는 건제유지 하에 규정대로 실시하는가? (점호순서, 열외자 현황, 분대장에 의한 보고/확인 등)	
사고예방 관련 제도시행	인-54	병영생활 행동강령을 주기적, 반복적으로 교육하는가?	
	인-55	장병 인성교육은 방침대로 실시하는가? (정신교육계획 반영, 분대장 인성교육, 이등병의 날 행사 등)	
	인-56	자살사고 예방 심리치료 프로그램(Vision Camp)을 잘 적용하는가?	
	인-57	부대정밀진단은 계획된 주기대로 내실 있게 시행하는가?	

구 분	진 단 과 제		진단결과
	인-58	부대정밀진단 과제목록을 부대 실정에 맞게 수립하여 시행하는가?	
	인-59	부대정밀진단을 연동식부대운영계획 및 주간교육예정표에 반영하는가?	
	인-60	부대정밀진단을 체계적으로 계획을 수립 시행하는가?(대대급 이상)	
	인-61	부대정밀진단 결과에 대한 교육 및 시정조치가 제대로 이루어지는가?	
	인-62	제대별 군기강확립 및 사고예방 평가회의를 방침대로 실시하는가?	
	인-63	분대 건제유지 활동이 정착되었는가?	
	인-64	분대 건제유지 정착을 위한 교육 및 위반자에 대한 조치가 잘 이루어지는가?	
	인-65	병 상호간 금지사항은 잘 준수되는가? (병 상호간 지휘, 명령, 간섭 금지)	
	인-67	분대장 관찰보고 제도는 방침대로 시행되는가?	
	인-68	통합취사병, 운전병, 행정병, 파견병, 지원/배속병력 등을 잠정분대로 편성하여 운영하는가?	
	인-69	상향식 일일결산이 제대로 이루어지는가?	
	인-70	사고예방활동 사항을 상향식 결산 및 지휘보고에 포함하는가?	
	인-71	병영생활 고충상담관 운영이 활성화되었는가?	
	인-72	계층별 의사소통 간담회를 방침대로 시행하는가?	
	인-73	사고우려 병사에 대한 적시적인 현역복무 부적합 처리를 하는가?	
	인-74	문제 간부에 대한 적절한 지휘조치가 이루어지는가?	
	인-75	음주 및 회식문화 개선 지침이 잘 이행되는가?	
	인-76	사망사고 대응조치 모델에 대해 교육하였고 간부들이 초동조치 내용을 숙지하고 있는가?	
	인-77	대민물의 사고발생시 초동조치를 위한 기능별 사전 협조회의, 임무숙지, 예행연습(FTX 등)을 주기적으로 실시하는가?	
	인-78	제대별 사고대책회의 구성 및 임무수행 절차가 숙달되어 있는가?	
	인-79	육군안전센터 입력자료를 적극 활용하여 부대운영에 반영하는가?	
	인-80	군기강 확립 집중강화기간에 각종 사고예방활동을 내실 있게 시행하는가?	
	인-81	각종 사고사례 및 교훈 등이 간부에 의해 적시적으로 전파 및 교육되는가?	

2. 정 보 분 야

구 분		진 단 과 제	진단결과
군사자료 보 호	정-1	주요 군사자료(비밀, 개인 신상자료)는 잠금 장치된 장소(용기)에 보관되어 있는가?	
	정-2	음성비문 생산 및 보유, 평상시 사용하고 있지는 않는지?	
	정-3	반입된 도서, 음반 등은 보안성 검토가 되어 있는가?	
	정-4	출입통제구역의 출입인원 통제는 잘되고 있는가?	
핵심요원 인 원 관 리	정-5	보안관계관 임명은 적시·적절하게 되어 있는가?	
	정-6	위병소는 잘 관리되고 초병의 임무수행 요령은 숙달되어 있는가?	
	정-7	신원조사는 적시적으로 처리하였으며 결과는 적절한가?	
	정-8	비밀취급인가 대상 직위자 보직 전·후조치들은 적절한가?	
부대시설 침입 및 노출차단	정-9	비인가 촬영도구(사진기, 캠코더 등)를 보유하고 있지는 않는가?	
	정-10	울타리 높이는 2m를 유지하고 있으며 월담/출입 가능 장소가 있지는 않은가?	
	정-11	사무실 장금장치 실태 및 일과후 열쇠 보관함은 정상적으로 운용되는가?	
	정-12	등화관제 준비상태 및 사용실태는 적절한가?(대상부대/시설만)	
유·무선 통 신 보안대책	정-13	유무선 통신장비에 보안경고 스티커는 부착되어 있는가?	
	정-14	전문 송·수신간 불필요한 은어를 사용하고 있지는 않는가?	
	정-15	음어 및 난수표 사용은 잘되고 있는가?	
	정-16	암구어 전파 및 숙지상태는 적절한가?	
정보체계 보안관리 및 전산자료 유출차단	정-17	전산기, 보조기억매체의 보급 또는 반입, 반출 절차는 준수되고 있는가?	
	정-18	각종 정보체계의 보급 또는 반입된 목적에 맞게 사용되고 있는가?	
	정-19	전산기 시동 및 화면보호기, 비밀번호는 사용되고 있는가?	
	정-20	보조기억매체 관리대장은 기록, 유지되고 있으며 실제 보유량과 일치하는가?	
	정-21	하드디스크 내에 주요 군사자료가 수록되어 있지는 않는가?	
	정-22	디스켓 내에 비인가 비밀 또는 대외비가 수록되어 있지는 않는가?	
보안자세 / 장 비 운용관리	정-23	일일 보안결산은 규정대로 이루어지는가?	
	정-24	음성, 통신학인표의 보유량은 정확하며 지정된 장소에 보관하고 있는가?	
	정-25	방첩함 및 쓰레기통은 매일 소각 처리하고 있는가? (쇄절기 관리 및 활용실태는?)	
	정-26	보안장비의 작동상태는 양호하며 납봉은 이상이 없는가?	
	정-27	보안장비에 의해 송·수신된 내용이 평문으로 재송·수신 되고 있지는 않는가?	
	정-28	보유자재, 장비의 보관함은 견고하며 2중 잠금장치가 되어 있는가?	

3. 작전/교육훈련 분야

구 분	진 단 과 제		진단결과
전투준비태세	작-1	상황발생시 신호규정은 정확히 숙지하고 있는가?	
	작-2	전투일일결산 현황판은 최신화 하고 있는가?	
	작-3	경계근무초소와 사경도는 잘 정비가 되어있는가?	
	작-4	근무명령서에 의해 경계근무가 실시되고 있는가?	
	작-5	경계근무초소 통신망은 소통이 잘 되어 있는가?	
	작-6	보초 일반수칙 및 특별수칙에 대해 숙지 및 실천은? (우발상황 조치요령 점검 : 총기피탈, 거수자 출현 등)	
	작-7	화생방 장비, 물자 관리는 규정대로 하고 있는가?	
	작-8	화생방 요원은 일일명령과 일치하는가?	
	작-9	자동경보기함은 제 기능을 발휘하는가?	
	작-10	5분전투대기 임무수행 준비는 잘 되어 있는가?	
	작-11	출동대기부대 탄약 및 B/L탄약 분배 준비는?	
	작-12	개인 임무카드 준비 및 임무숙지 상태는 양호한가?	
교육훈련	교-13	연동식 부대운영계획에 의해 부대정밀진단이 시행되는가?	
	교-14	주간 훈련 예정표는 규정대로 작성하여 시행하고 있는가?	
	교-15	각종 훈련계획에 안전통제 계획이 반영되었으며, 실효성 있게 시행되는가?	
	교-16	각종 훈련장에 대한 주기적인 안전진단을 실시하고 적절한 조치를 강구하였는가?	
	교-17	교관준비 및 실습계획표는 제대로 시행되고 있는가?	
	교-18	교보재는 정비하여 제 기능이 발휘되는가?	
	교-19	훈련간 안전 제한사항에 대한 조치계획은 준비되었는가?	
	교-20	각종 훈련간 효과적으로 안전통제관 편성 및 운영하는가?	
	교-21	각종 훈련시 적극적인 현장지도가 이루어지는가?	
	교-22	건조기 사격/야외훈련간 산불 예방교육 및 대책을 강구하는가?	
	교-23	야외훈련 및 부대활동간 위험예지훈련을 생활화하는가?	
	교-24	사격장에 대한 철저한 안전대책이 강구되었는가?	
	교-25	훈련간 활성교보재 사용요령 교육 및 전장군기가 잘 유지되는가?	
	교-26	교탄은 교육훈련에 맞게 수령하여 사용되는가?	
	교-27	교육 실시간 교육 열외인원은 없는가?	
	교-28	혹서기 및 혹한기 훈련지침을 준수하는가?	
	교-29	훈련 사후검토 및 그 결과를 교육훈련에 반영하고 있는가?	

4. 군 수 분 야

구 분		진 단 과 제	진단결과
총 기, 탄 약, 폭 발 물 관 리	군-1	총기, 탄약 1일 단위 실셈 확인(장부와 보유수량일치) 하는가?	
	군-2	무기고, 탄약고 2종 잠금장치 및 열쇠관리는 2중 이원화 관리되고 있는가?	
	군-3	탄약병 신상관리 및 주기직 면담을 실시하는가? 개인 책상, 관물대 주기적 확인을 하는가?	
	군-4	은닉탄에 대한 불시 또는 주기적 점검을 하는가?	
	군-5	사격후 탄피는 100% 반납하는가?	
화 재 사 고 예 방	군-6	불이 있는 곳에 항상 사람이 위치하여 통제하는가?	
	군-7	소화기는 구비되었으며, 월단위 가동 상태를 확인하는가?	
	군-8	비인가 전열기구를 사용하지 않는가?	
	군-9	유류고에 후레쉬 및 인화물질 보관소는 비치되어 있는가?	
	군-10	취사장 화부 점화시 간부에 의한 통제가 되는가?	
	군-11	인화물질은 별도 관리, 보관하고 있는가?	
	군-12	전기 시설에 대한 안전점검, 누전차단기는 작동되는가?	
	군-13	방화대 편성의 최근현황 유지 및 임무숙지 상태는?	
차 량 사 고 예 방	군-14	위험 예지 훈련은 하는가?(이동계획 수립, 안전대책)	
	군-15	배차 단계는 준수하고 있는가?	
	군-16	선탑자, 운전병에 대한 안전교육은 실시하는가?	
	군-17	자가차량에 대한 통제대책은 준수되고 있는가?	
급 양 관 리	군-18	부식의 변질상태 및 정량을 수령하는가?	
	군-19	취사장 환경정리, 취사병 위생상태는 양호한가?	
	군-20	조리간 부식 및 조미료는 정량 투입하고 있는가?	
	군-21	해충박멸과 구서 대책은 강구되었는가?	
	군-22	식기 세척장은 잘 준비되어 있는가?(세재, 수세미 등)	
보 급 관 리	군-23	시장성 품목에 대한 통제, 불시 재물조사를 하는가?(지휘관 결재)	
	군-24	개인 보급품 및 소모품은 규정대로 보급되는가?	
	군-25	일품 검사는 규정대로 하고 있는가?	
환 경 보 전	군-26	오·폐수 처리장은 정상 가동되는가?	
	군-27	누유되는 장비는 없는가?	
	군-28	잔반장 관리 및 잔반 처리는 잘되고 있는가?	
	군-29	화장실 인분처리 및 처리절차가 정상적으로 이루어지고 있는가?	
	군-30	폐건전지는 규정대로 회수, 보관, 반납되고 있는가?	
	군-31	쓰레기 분리수거 및 처리절차가 정상적으로 이루어지고 있는가?	

5. 관 리 분 야

구 분		진 단 과 제	진단결과
과다부채자 및 회계직위자 관 리	관-1	악성 고액채무자 신상파악 및 관리를 체계적으로 하고 있는가? (사채/카드빚 과다자, 봉급압류자 등)	
	관-2	금전관련 직위자 면밀한 신상파악 및 장기보직 금지 규정을 준수하고 있는가?	
	관-3	금전관련 직위자에 대한 주기적인 사고예방교육을 실시하는가?	
급여지급/ 예산집행	관-4	간부 주택수당 부당 지급 및 횡령 가능성은 없는가? (타부대 관사, 군 매입 아파트 거주, 전세자금 무이자 대출자 등)	
	관-5	시간외 수당을 부당 지급하지는 않는가? - 비 대상자(직보반, 1개월 이상 보수 교육) -「시간외 근무 대장」 허위 작성 후 수당 수령	
	관-6	전역병에게 봉급을 지급하지는 않는가?	
	관-7	휴가, 전역비를 명령 허위 작성 등으로 횡령하지는 않는가?	
	관-8	민간인 사용 전기, 수도요금을 징수 / 납부하지는 않는가?	
	관-9	사업예산을 허위로 정리하지는 않는가?	
정액경비 결 산	관-10	각종 급식예산 결산 및 잔액처리는 정확히 하는가?	
	관-11	영내급식(초급간부, 훈련기간)을 영외 급식으로 반영하여 횡령하거나 증식비를 허위로 정리하지는 않는가?	
	관-12	영외 급식비를 과다 반영후 예산잔액을 보유하지는 않는가?	
부 대 운영비	관-13	지휘부 및 참모부 운영비 지급기준을 준수하는가?	
	관-14	현금출납부 및 증거서류를 규정대로 관리하는가?	
	관-15	예산 사용목적에 맞게 부대운영비를 집행하는가?	
국고예금 관 리	관-16	국고예금 통장에 대한 안전장치를 강구하였는가? (폰 뱅킹/인터넷 뱅킹 차단, "개설지점"에서만 현금인출 가능)	
	관-17	복수인감 사용, 통장/인감을 분리해서 관리하는가?	
	관-18	일일결산(현금출납부, 증빙서 작성/결재 등)을 실시하는가?	
	관-19	불필요한 자금을 과다보유 하지는 않는가?	
군숙소 입주금	관-20	입주금/관리비를 통장으로 입금 조치하는가?(현금 수납불가)	
	관-21	입주금 관리 프로그램 설치 / 활용 여부	
복지기금/ 공금관리	관-22	복지기금을 규정대로 관리하는가? (복지기금 계좌입금, 연간 사용계획 수립, 집행비율 준수 등)	
	관-23	기부금(위문금) 수수 통제방침을 준수하는가?	
	관-24	공금(군숙소/간부식당 자금 등)을 투명성하게 관리하는가? (현금출납부, 통장, 지출 증거서류 관리, 공금 집행절차 준수 등)	

6. 동 원 분 야

구 분	진 단 과 제		진단결과
예비군 중대관리	동-1	예비군지휘관이 근무시간을 준수하고 근무지에 정위치 하는가?	
	동-2	예비군부대 방문시 친절히 안내하는가?	
	동-3	지역 기관장, 유지, 방위협의회 위원과의 건전한 협조관계를 유지하는가?	
	동-4	선거관련 활동이나 정치적 모임에 관여하지는 않는가?	
	동-5	예비군지휘관의 거주지가 근무지와의 적절한 통근거리인가?	
	동-6	근무지 전보자 등의 징계, 문책조치자의 불만은 없는가?	
	동-7	소속 상근병의 정상적인 자금집행 여부(봉급, 연초비, 교통비 등)는?	
	동-8	소속 상근병 신상관리를 위한 면담 / 애로사항 조치는 적절한가?	
	동-9	훈련소집통지서 전달시 소속병사간 임무분담은 적절한가?	
	동-10	훈련소집통지서 전달방법에 대한 교육 및 시행실태는 어떤가?	
	동-11	사무실 잠금장치 및 장비고 관리실태, 화재예방 실태는?	
	동-12	사무실 PC를 이용한 인터넷게임, 불법 CD 복제 / 매매행위는 없는가?	
	동-13	사무실 보안관리 / PC 보안 실태는 적절한가?	
	동-14	예비군 신상관련 자료 관리는 잘하고 있는가?	
예비군 교육훈련	동-15	훈련입소시 자가차량 이용에 따른 교통혼잡 여부 및 조치실태는?	
	동-16	입소시 복장불량 / 지연도착자에 대한 조치 및 방지대책은?	
	동-17	예비군의 사물관리 방법 및 관리대책은 어떤가?	
	동-18	대리입소자 없으며 색출방법은 무엇인가?	
	동-20	사격간 안전통제 및 환자/화재 등 우발상황 조치방법 강구여부는?	
	동-21	탄피회수 방법 및 잔여교탄 관리는 잘하고 있는가?	
	동-22	사격을 통한 내기 등 비정상적 훈련태도는 보이지 않는가?	
	동-23	사격장 주변 소음유발 / 안전사고 위험 여부 및 대책은?	
	동-24	식사, 화장실, 세면장 등 위생관리는 잘되고 있는가?	
	동-25	훈련퇴소시 여비 및 중식비 지급여부 및 방법은 적절한가?	
	동-26	훈련장 및 군용물자 관리는 잘하고 있는가?	

7. 지휘통신 분야

구 분	진 단 과 제		진단결과
근무지 관 리	지통-1	운용장비 중 고장나 장비를 방치하거나 수리는 제대로 하는가?	
	지통-2	예비용 장비/물자, 수리부족 확보 및 관리실태는 양호한가?	
	지통-3	암호 및 보안자재, 비문, PC 관리 실태는 양호한가?	
	지통-4	낙뢰, 누수, 화재 방지대책 및 우발상황 조치방안은 강구하는가?	
	지통-5	전원 및 유류 등 관리실태 및 비상시 조치방법 교육/숙달정도는?	
	지통-6	근무병 신상관리 및 병영부조리 색출활동은 잘하고 있는가?	
	지통-7	주특기 교육체계 및 근무조 편성은 적절한가?	
	지통-8	숙식, 용변, 세면/목욕 등 기초생활여건 보장되는가?	
	지통-9	총기, 탄약 및 일반물자 관리실태는 양호한가?	
공사 및 수리	지통-10	공사전 업체, 관공서, 주민간 사전 협조 및 홍보는 잘하는가?	
	지통-11	공사자재 검수관 편성 및 검수요령 숙지를 잘하고 있는가?	
	지통-12	관급 및 사급 자재의 수불 및 실적에 대한 기록유지는 양호한가?	
	지통-13	공사유형별 작업절차, 안전관리, 우발상황 조치요령에 대한 준비는?	
	지통-14	공사관련 일지의 신뢰도/누락여부는?	
	지통-15	공사후 도로복구 등 후속조치는 적절하며 잔여 자재 처리는?	
	지통-16	본부 및 현장요원간 통신방법 및 상황전파체계는 적절한가?	
	지통-17	이상 기상현상시 조치요령에 대한 교육여부 및 숙지상태	
	지통-18	현장요원의 임무수행/상황보고요령, 안전교육, 도덕적 책무관련 교육실태/숙지상태는?	
전령 운용	지통-19	출발전 전령의 정신적, 육체적 건강상태 점검은 잘하는가?	
	지통-20	출발전 임무수행요령, 안전관련 교육내용의 적절성 및 시행 여부는?	
	지통-21	전령 휴대품목은 완비되었는가? (전령증, 문서낭, 비상통신장비, 보호장비 등)	
	지통-22	전령 운용경로, 경로상 주둔부대에 대한 사전 확인은 하는가?	
	지통-23	전령 차량 및 운전병 관리는 적절한가?	

8. 자살징후 목록표

행동변화	징 후	확인결과
자살의사 표현행동	1. 주위 동료들에게 농담반 진담반 죽고 싶다고 표현	
	2. 수첩, 노트 등에 삶을 비관하는 내용 기록	
	3. 부모, 동료, 애인, 상관, 형제들에게 유서 작성	
회피현상	4. 말이 없어지고 대화를 회피	
	5. 매사에 의욕이 없어지고 업무를 회피, 싫증감 표출	
	6. 고립되고 위축된 행동	
의지력 약화	7. 매사에 흥미를 상실하고 자신감 결여	
	8. 행동이나 표정이 밝지 않고 항상 우울한 행동	
	9. 죄책감 표현	
식욕부진 및 불면	10. 식사를 잘 안 하거나 의욕 없이 식사	
	11. 한밤중에 앉아 있거나 초조하여 잠을 못 잠	
	12. 숙면이 불면으로, 불면이 숙면으로 변함	
주변정리	13. 사물함 정리, 빌린 돈 갚는 행동	
	14. 가까운 전우와 차분한 대화를 하고 소중히 간직한 물건을 줌	
	15. 몸치장을 하고 내복을 갈아입는 등 행동변화	
세상비관 언행	16. 평시 “죽어버리면 그만”이라는 언행 등 현실도피나 죽음에 대한 합리화성 발언	
	17. 세상을 저주하고 삶의 애착감에 대한 거부감 표현	
불안전한 행동	18. 이성을 상실한 비정상적 언행(폭언, 과격행동)	
	19. 쫓기듯 초조해 하고 안절부절못한 행동	
	20. 음주나 약물을 복용	

※ 분대장이 전 분대원을 대상으로 점검하여 상향식 일일결산시 보고

제2부

부사관 인사관리, 군법/징계 업무이해

제1장 부사관 인사관리

강한친구 대한민국 육군

제 1장 부사관 인사관리

강한 친구 대한민국 육군
PRIDE & TRUST, ROK ARMY

동주대학교

부사관 인사관리

제 1 절 부사관 인사관리

- 인사관리는?
- 부사관 인사관리는?

부대의 임무를 성공적으로 수행하기 위하여
인원의 획득, 교육, 보직, 진급, 분리에 관한 제반 행위를 계획,
편성, 지시, 협조, 감독하는 일련의 과정

강한 친구 대한민국 육군
PRIDE & TRUST, ROK ARMY

동주대학교

부사관 인사관리

◈ 육군의 변화와 미래 육군의 모습(비전 2025)

- ❑ 인력구조면 : 민·군 복합구조로 전문화/정예화된 우수인력 획득
- ❑ 인사관리면 : 유형별 인사관리로 보직,

※ 신분별 적정 인력 구조 및 국가별 비교

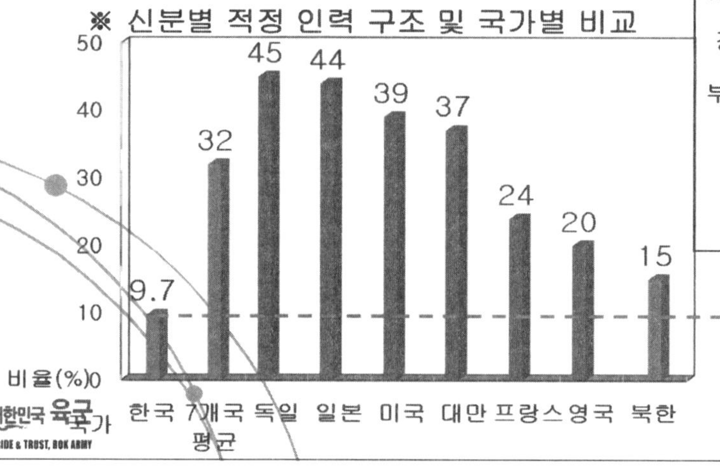

※ 신분별 적정인력 비율

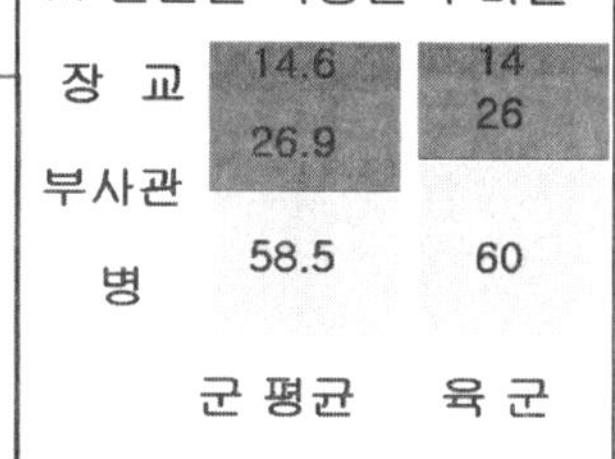

동주대학교

부사관 인사관리

병력의 단계적 축소 및 정예화

현 재

60만 명

10만 감축

2030년

50만 명

상비/예비전력 감축

구 분	육 군	해군(해병)	공 군	예비군
현 재	46.4만	6.9(2.9)만	6.5만	300 여만
2030년	36.5만	6.9(2.9)만	6.5만	150 여만
감축(계획)	-10만	0	0	-150 여만

동주대학교

부사관 인사관리

제 2 절 획득/복무

◈ 획득(현역 지원)

❑ 대상 : 현역병(입대 5개월이상)으로 지원을 희망 자

❑ 지원자격

- 고졸이상 학력 소지자 및 동등이상 학력이 인정되는 자
- 임관일 기준 18세 이상 27세 이하 자
- 품행 단정, 체력이 강건한 자(선발신체검사 3급 이상자)
- 인성, 능력, 군인정신이 투철한 자(군인사법 10조 1항)

강한친구 대한민국 육군 PRIDE & TRUST, ROK ARMY

동주대학교

부사관 인사관리

◈ 획득(현역 지원)

❑ 임관결격사유

- 임관결격사유에 해당자(군인사법 제 10조 2항)
  - **대한민국의 국적을 가지지 아니한 자**
  - **금고/자격정지 이상의 형 또는, 확정 후 5년 미경과 자**
  - **파면 또는 해임 처분 후 5년 미경과 자**
- 중징계 처분자 및 대리 입대자
- 선발과정시 임관결격사유를 은닉한 사실이 있는 자
- 부사관 양성교육 퇴교자

강한친구 대한민국 육군 PRIDE & TRUST, ROK ARMY

동주대학교

부사관 인사관리

◈ 획득(선발방침)

- ❑ 독립채산제 개념 적용
- ❑ 부대별 / 분기별 / 특기별 범위내 우수자 선발
- ❑ 전투직군 위주 선발

강한 친구 대한민국 육군 PRIDE & TRUST, ROK ARMY

동주대학교

부사관 인사관리

◈ 선발절차

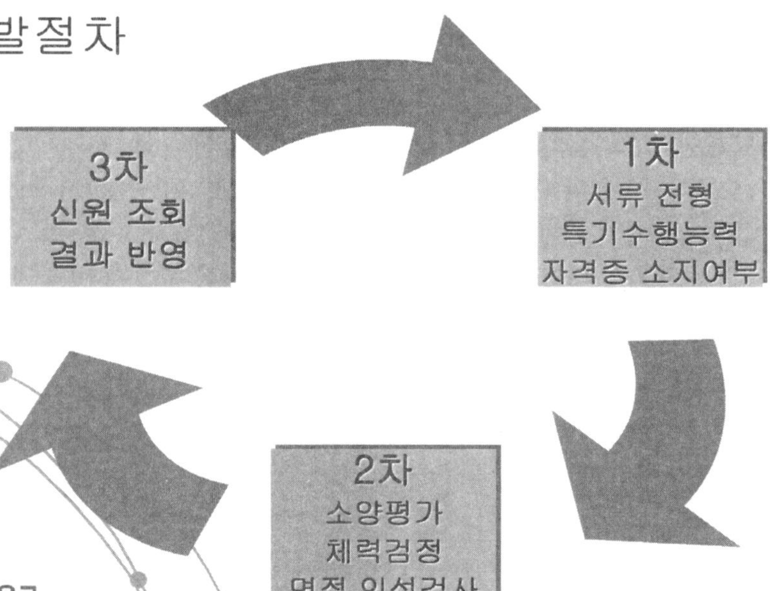

강한 친구 대한민국 육군 PRIDE & TRUST, ROK ARMY

동주대학교

부사관 인사관리

◈ 단기복무 부사관 지원 서류

- ❏ **부사관 복무지원서** / 서약서 / 재정 보증서
- ❏ 등본 1부 또는 주민등록본 2부
- ❏ 대학 재학/졸업자:재학증명서 또는 성적증명서 1부
- ❏ 기술자격 및 면허증 사본 1부(소지자)
- ❏ 사진(4 ~ 5Cm) : 3매

강한 친구 대한민국 육군 PRIDE & TRUST, ROK ARMY

동주대학교

부사관 인사관리

◈ 획득(선발방침)

- ❏ 심사위원회 구성

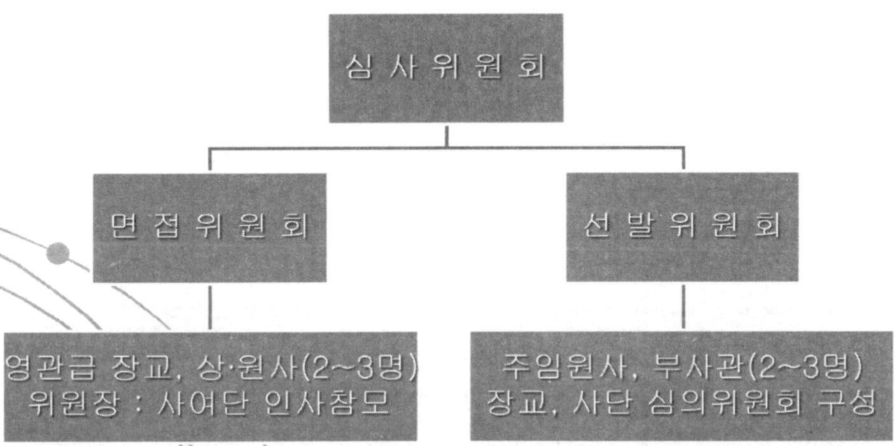

강한 친구 대한민국 육군 PRIDE & TRUST, ROK ARMY

동주대학교

부사관 인사관리

◈ 선발우선순위

- ❑ 특기분야의 자격증 또는 면허증 소지자
- ❑ 특기분야의 경력 및 능력이 우수한 자
- ❑ 육군 현역 외 경험분야 기술 직군으로만 지원

◈ 선발자 처리

- ❑ 입교일자 기준 후보생 임명후 인사명령으로 입교조치
- ❑ 임관 후 2개월 이내 장려수당 지급

강한 친구 대한민국 육군 PRIDE & TRUST, ROK ARMY

동주대학교

부사관 인사관리

◈ **획득(민간모집)**

- ❑ 지원자격 : 현역과 동일(여군 지원자 미혼)
- ❑ 임관결격사유 : 군인사법 제 10조 2항 해당자
  양성과정 퇴교자
- ❑ 모집권부대

군사령부급 부대장, 위임받은 지역 모집부대장,
특전사, 안보지원사, 헌병, 법무, 군종, 군악 등

강한 친구 대한민국 육군 PRIDE & TRUST, ROK ARMY

동주대학교

부사관 인사관리

◈ 선발우선순위

- 전문대재 이상 학력소지자
- 해당특기 자격증 / 면허증 소지자
- 해당특기분야 2년이상 실무경력자
- 해당특기 복무중인 예비역 병장

강한 친구 대한민국 육군 PRIDE & TRUST, ROK ARMY

동주대학교

부사관 인사관리

◈ 선발자 처리

- 입영 20일전 입영일자별, 병적지별 명단 병무청 통보
- 육훈 입소 후 신체검사 합격자 입교(여군포함)
- 교육기관 / 임관시기

부사관학교 18주 교육 → 병과학교 교육후 전속 5주~17주 → 병과학교 미수료시 전속 후 교육 →

강한 친구 대한민국 육군 PRIDE & TRUST, ROK ARMY

동주대학교

부사관 인사관리

◈ 획 득

❑ 전환복무자원 및 상근예비역의 지원

- 전환복무자원 지원
  - 지원자격 : 전투경찰 경비교도
  - 지원대상 : 전계급 가능, 임관결격사유 미 해당자
  - 지원시 병적관리권자 승인서 첨부

구 분	전 경	교도요원	타군병(해,공군)
승인권자	경찰청장	교도소장	각군참모총장

- 상근예비역의 지원
- 지원자격 : 기초 군사훈련 수료 후 / 상근예비역
- 병 기초 군사훈련은 생략, 육부교 기본반(9주) 실시

강한 친구 대한민국 육군 PRIDE & TRUST, ROK ARMY

동주대학교

부사관 인사관리

◈ 획 득

❑ 군 가산복무 지원 대상자 획득

- 대 상 : 육군 협약 대상자 중 전문(기능)대학 재학생
- 모집권자 : 육군 인사사령부 책임하 선발
- 면접 / 선발위원회
- 군 가산복무 지원 대상자 임명

강한 친구 대한민국 육군 PRIDE & TRUST, ROK ARMY

동주대학교

부사관 인사관리

❑ 면접 / 선발위원회

- 면접 및 신체검사 (필요시 실기시험)
- 특수기술분야는 양성교육기관장이 조사
- 선발위원회 : 5 ~ 7명 장교, 부사관

❑ 군 가산복무 지원 부사관 임명

- 졸업 동시 병무청 통보 입영 조치
- 임관 시 가산복무기간 적용(1년)
- 장학금 지급기간 : 1년 (전투부사관: 2년)

강한 친구 대한민국 육군 PRIDE & TRUST, ROK ARMY

동주대학교

부사관 인사관리

◈ 획 득

❑ 장학생 획득

- 장학금 변상사유

해 임 사 유	변상여부
1. 교육중 사망자	X
2. 교육중 신체 및 전신상의 장애로 수학 군복무를 감당할 수 없다고 군병원장이 판단한 자	X
3. 품행이 불량하여 퇴교된자	O
4. 학업성적 불량으로 유급된자	O
5. 출석일수가 교육 일수의 9/10에 미달자	O
6. 교육중 임관 결격 사유 해당자	O
7. 입영신체검사 결과 2회이상 즉일귀향 처분을 받은자	O
8. 기타 부사관으로 복무할 능력이 없다고 인정되는자	O

- 군장학생 해임권자 : 인사사령관

강한 친구 대한민국 육군 PRIDE & TRUST, ROK ARMY

동주대학교

부사관 인사관리

◈획 득

❑군 가산복무 지원 부사관 획득

● 임관 교육중 퇴교자

· 임관 부적합 / 결격사유 해당자, 퇴교 일부 현역병 편입 (교육기간 의무복무기간 미산입)

· 인사처리

구 분		내 용	비 고
군복무 희망자	장교 과정	◈1년 중퇴:일병, 2년:상병, 3년:하사 4년:중사	무관후보생 교육기간 군복무기간 미산입
	준/부사관 과정	◈병 복무가능 / 신병 교육 면제	
군복무 불희망자		◈원신분 복귀(귀가조치)	

강한 친구 대한민국 육군 PRIDE & TRUST, ROK ARMY

동주대학교

부사관 인사관리

◈획 득

❑임관절차

● 임관권자 : 참모총장

· 편제상 양성기관장,장관급 부대장(이하부대:차상급부대장)

● 군번부여

· 임관 20일전까지 인사사령관

· 무관후보생 퇴교자 부사관 임관대상자는 퇴교와 동시상신

● 복무구분별 군번할당

교유번호	자 리 수	군번단위	비 고
5	6계단	연도 – 5XXXXX	단기복무부사관
		연도 – 59XXXX	사관학교 퇴교자

● 군번부여 : 교육성적순 / 임관일자순 / 교육기간(장기)순

● 임관시기 : 양성과정 수료 동시 임관(초임계급 : 하사)

강한 친구 대한민국 육군 PRIDE & TRUST, ROK ARMY

동주대학교

부사관 인사관리

◈복 무

❑복무구분 / 의무복무기간

●복무구분

단기 복무 부사관 → 장기 지원 → 장기 복무 부사관

● 복무기간가산 : 부사관으로 임관된 날부터 가산

● 복무제외기간 : 탈영, 정/휴직, 구류, 예비역 기간

강한 친구 대한민국 육군 PRIDE & TRUST, ROK ARMY

동주대학교

부사관 인사관리

◈복 무

❑의무복무기간

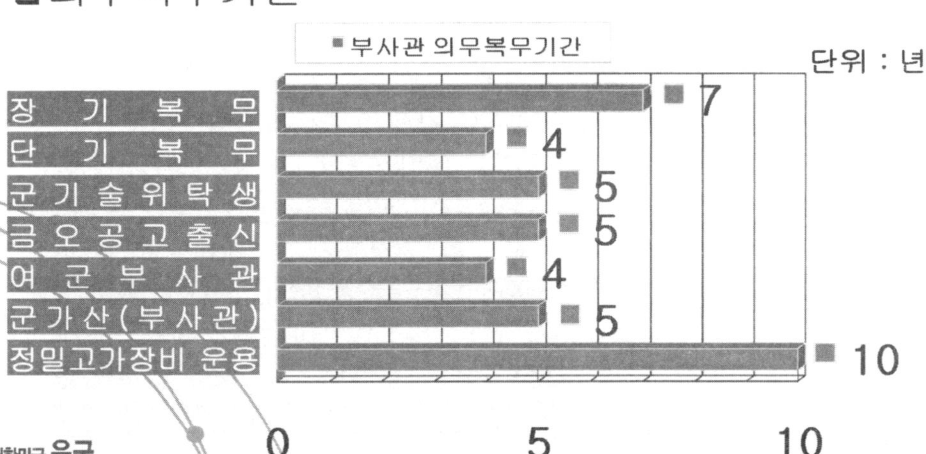

강한 친구 대한민국 육군 PRIDE & TRUST, ROK ARMY

동주대학교

부사관 인사관리

◈ 복 무

❏ 의무복무기간 연장

● 외국유학 및 국내위탁 교육자

- 외국유학자 : 2배 가산 복무(1년 미만 시 1년 가산)
- 국내 주간 위탁자 : 수학기간 만큼 가산 복무
- 국내 야간 위탁자 : 수학기간 1/2 가산 복무

● 외국 유학 중 특수장비 과정 이수자

- 귀국 일자 기순 4년 복무
- 부사관 임관일 기준 9년간 복무(9년 미만시)

강한 친구 대한민국 육군 PRIDE & TRUST, ROK ARMY

동주대학교

부사관 인사관리

◈ 복 무

❏ 장기복무 및 복무연장

● 장기복무 지원자격

- 단기 중사 또는 하사
- 최근 2년 근무평정결과 우수자
- 신체등급 3급 이상 자 / 무징계자
- 해특기분야 1년 이상 근무자
- 6주이상 군사교육 성적 우수자

강한 친구 대한민국 육군 PRIDE & TRUST, ROK ARMY

동주대학교

부사관 인사관리

◈ 복 무

- 지원절차

장기복무 지원서 육본 제출 → 현 보유직군 기준 지원 → 인력운용 수준 고려 육본 선발 →

- 장기복무 심사위원회

대령급 1명, 영관장교 4명, 각군 주임원사 4명

계급별, 병과별, 연차별 구분심사(연2회)

강한 친구 대한민국 육군 PRIDE & TRUST, ROK ARMY

동주대학교

부사관 인사관리

◈ 복 무

❏ 복무연장

- 의무복무 기간 만료 1년차 지원(1회 1~4년 가능)
- 여군 : 의무복무 만료 1년 전 지원(1회 1~2년)
- 복무연장 지원서 제출에 의거 선발

❏ 장기복무 / 복무연장 해임

- 임명자는 의무복무만료 이전 해임 불가

❏ 기록 : 부사관 자력표 전면 복무연장 표시

강한 친구 대한민국 육군 PRIDE & TRUST, ROK ARMY

동주대학교

부사관 인사관리

◈ 복 무

❑ 휴직 및 복직

● 사유 / 기간 / 발령권자

휴직사유	기 간	휴직발령	복 직	휴,복직권자
비전공상으로 6개월 이상 입원 시	1 년	6개월부터 익일 부	퇴원일 부	통합병원장 이 상
형사사건 기소 시	기소일~ 재판확정일	기소일자 부	재판확정 일자 부	군사법원 설치권자
행방불명시	전투중 : 1년 재해중 : 1년 일반 : 2년	행방불명 일자 부 전투중:종료	휴직기간내 복귀일 부	참모총장

강한 친구 대한민국 육군 PRIDE & TRUST, ROK ARMY

동주대학교

부사관 인사관리

◈ 복 무

❑ 휴직 및 복직

● 인사절차

- 복직자는 휴직전 부대 복귀
- 심신장애 휴직자는 기간내 미복귀시 전역 조치
- 불구속 공소 / 상소중인자는 각군 보충대 전속
- 휴직자 무죄선고시 복무기간 가산 / 불리한 처우 불가

● 봉급 및 복무기간 계산

- 봉급 : 반액지급, 휴직기간 : 복무기간 미산입

강한 친구 대한민국 육군 PRIDE & TRUST, ROK ARMY

동주대학교

부사관 인사관리

◈복 무

□청원휴직

● 배 경

· **개인 고충해소 및 사기진작 목적 도입(장기복무 부사관)**

● 6개월 이상자 군 보충대, 미만자는 결원직위 운영

● 휴직기간 봉급 미지급 / 의무복무기간 환산제외
단, 육아 청원휴직은 진급최저복무기간 포함

강한 친구 대한민국 육군 PRIDE & TRUST, ROK ARMY

동주대학교

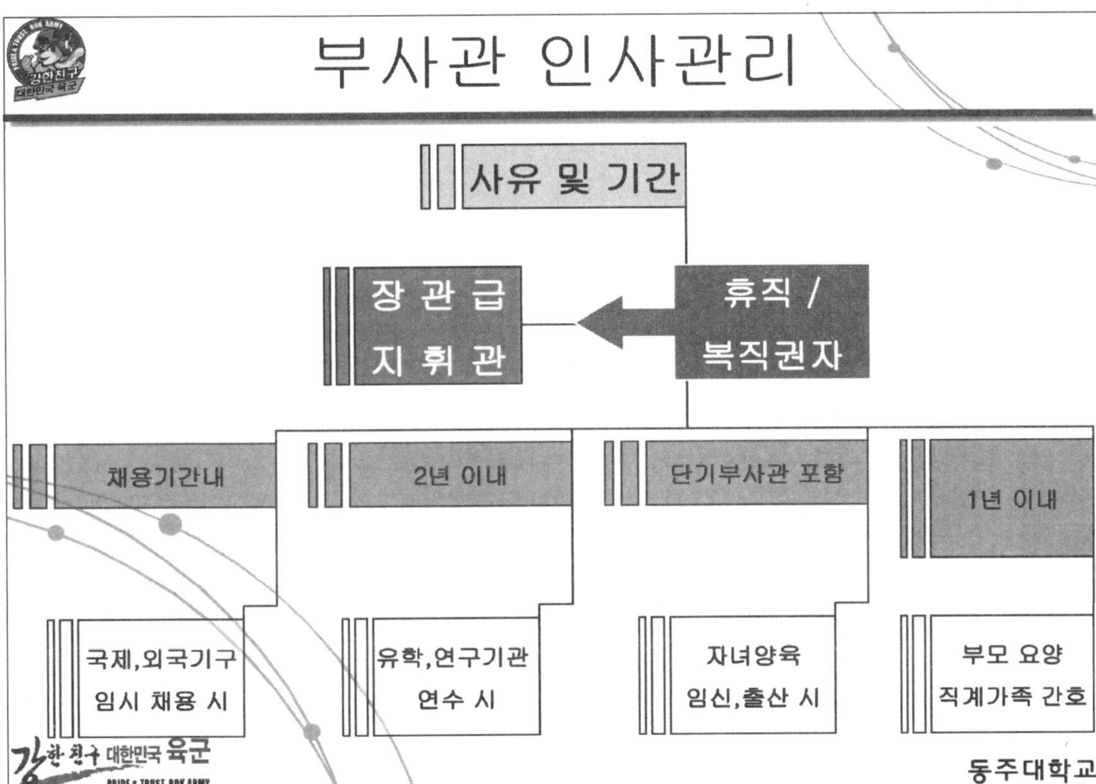

부사관 인사관리

제 3 절 군사특기 관리

❑ 용어의 정의

- 군사특기

  직위의 전문적 직무수행을 위한 군사업무 및 관련 분야별 부호를 부여하는 체계

- 직 군 : 병과내 특정기술 및 기능별 세분화한 것
- 기능특기

  직군내 장기간 기술습득이 요구되는 전문 직위 자격표시 부호

강한 친구 대한민국 육군 PRIDE & TRUST, ROK ARMY

동주대학교

부사관 인사관리

❑ 용어의 정의

- 직위
  - 기본직위 : 해당병과 부사관 보직
  - 본과직위 : 전투병과 부사관 공통 보직
  - 공통병과직위 : 전투, 기술, 행정병과
- 병과
  - 전투병과 : 보병, 포병, 기갑,공병, 통신, 항공 등
  - 기술병과 : 병기, 병참, 수송, 화학
  - 행정병과 : 인사, 군사경찰, 재정, 공보정훈
  - 특수병과 : 의무, 법무, 군종

강한 친구 대한민국 육군 PRIDE & TRUST, ROK ARMY

동주대학교

부사관 인사관리

◈ 군사특기 부호구조

❑ 군사특기 구조

병 과	직 군	기능특기	특수자격	외국어자격
19	55	41	24	16

❑ 특수자격 부호

부 호	A1	A2	A3	A4	A5	A6	A7	A8
명 칭	체육	군견훈련	지형/ 지형분석	관재	응급처치	조경	시추	사격선수
부 호	A9	B1	B2	B3	B4	B5	B6	B7
명 칭	특수수사	모형 항공기	기록물 관리	외국 변호사	한방 침술	이발	고압가스 /화공약 품 관리	S/W 개발
부 호	B8	B9	C1	C2	C3	C4	C5	C6
명 칭	물리 치료	의무 기록	안경	위성운용	비용/ 원가분석	컴퓨터 속기사	방송	무기체계 연구분석

동주대학교

부사관 인사관리

◈ 군사특기 분류 / 관리

❑ 군사특기 부여원칙

하사임관시 병과 및 직군 부여

적성, 교육, 자격면허, 신체요건, 사회경험 및 군 교육 이수과정고려 부여

기능특기는 전문 직위 인력 소요 고려

동주대학교

부사관 인사관리

◈ 군사특기 분류 / 관리

❑ 군사특기 명령 발령 및 기록

- 인사명령 발령, 부사관 자력표 군사특기란 기재

❑ 보직관리

- 전계급 직군별 보직관리
- 기능 특기요원 보직관리 : 해기능 특기직 보직 관리, 동일직군내 타 기능특기 보직이동금지

강한 친구 대한민국 육군 PRIDE & TRUST, ROK ARMY

동주대학교

부사관 인사관리

◈ 군사특기 재분류 / 절차

❑ 군사특기 재분류

- 군사특기 재분류 대상
  - 기술인력 확보를 위한 직군 변경시
  - 특수부대요원으로 임무수행 불가자
  - 기무부사관 전입교육을 이수한자
  - 특전부사관중 야전전환 전속자
  - 특전부사관중 신체결함으로 임무수행 불가자
  - 기능특기 직위 보직부여 및 해임자
  - 기타 육군 인력조정 필요자

강한 친구 대한민국 육군 PRIDE & TRUST, ROK ARMY

동주대학교

부사관 인사관리

◈ 군사특기 재분류 / 절차

❑ 군사특기 재분류

● 군사특기 재분류 권한 및 통제

· **군사특기 재분류권**

구 분	평 시		전 시	
하 사	병과내	병과간	병과내	병과간
중 사	참모총장		장관급지휘관	군사령관
상 사				참모총장
원 사			참모총장(필요시)	

· **재분류시기 통제 : 병과 2년이내, 병과간 3년이내**

강한 친구 대한민국 육군 PRIDE & TRUST, ROK ARMY

동주대학교

부사관 인사관리

제 4 절 보직관리

❑ 분류 및 보직

● 분류

· **초임 부사관 분류**

- 대상 : 현역, 민간 / 장학생, 예비역 출신 초임하사
- 대상 / 분류책임

대 상	분류책임
육부교 / 병과교 수료자	인사행정처장 (인사병과장)
특전사 특수전학교 수료자	특전사령관

강한 친구 대한민국 육군 PRIDE & TRUST, ROK ARMY

동주대학교

부사관 인사관리

❑ 분류 및 보직

● 분류

- 초임하사는 지명요청 및 직접선발 금지
- 특수직위는 위임선발 후 우선분배
- 헌역 획득 요원 독립채산제 적용, 인사명령 조치
  - ※ 해부대 부족직군 : 원소속대 우선분류
  - ※ 해부대 각 무편제 / 초과직군 : 자군내 재분류
  - ※ 각군 무편제 / 초과직군 : 전군 재분류
- 병과 교육 및 연계 인원 분류후 교육주기에 따라 입교

강한 친구 대한민국 육군
PRIDE & TRUST, ROK ARMY

동주대학교

부사관 인사관리

◈ 분류 및 보직

❑ 분류

● 초임 부사관 분류

· **특수직위 선발**

- 육본 분배에 따라 해당병과 학교장 2배수 선발보고
- 선발 추천된 인원 전산 분류

강한 친구 대한민국 육군
PRIDE & TRUST, ROK ARMY

동주대학교

부사관 인사관리

❑ 분류

- 초임 부사관 분류
  - 특수직위 선발
    - 선발직위

육부교 구대장, 육훈소 교관/부소대장
특전사, 수방사 요원, 화방사 특임대대

※ 여군선발직위(위임) : 심리전, 의장대, 수방사 특임대

강한 친구 대한민국 육군 PRIDE & TRUST, ROK ARMY

동주대학교

부사관 인사관리

◈ 분류 및 보직

❑ 보직

- 보직기준
  - 편제된 계급과 직군 직위에 보직함을 원칙 (불가시 동일 병과내 보직)
  - 보직시 인원이 없을시 장기복무/진급예정자 우선보직
  - 현직군과 상이과정 이수자는 보직 후 직군 재분류 상신

강한 친구 대한민국 육군 PRIDE & TRUST, ROK ARMY

동주대학교

부사관 인사관리

◈ 분류 및 보직

❏ 보직

보 직 지 침

- 1개 보직 1년이상 보직
- 군별 최소보직기간 : 5년
- 특수교육이수자 : 36개월이상

강한 친구 대한민국 육군 PRIDE & TRUST, ROK ARMY

동주대학교

부사관 인사관리

◈ 분류 및 보직

❏ 보직

● 보직지침

· 교관 / 구대장, 중대장 요원

- 자격기준 : 중사 2년 - 원사/중대급 3년이상

구 분	교 관	구 대 장	중 대 장
임 기	5 년	3 년	2 년
연 장	2년이내 1회	1~2년이내 2회	1~2년이내 1회

※ 교관 ↔ 중대장 ↔ 구대장 순 순환보직(10년 제한)

강한 친구 대한민국 육군 PRIDE & TRUST, ROK ARMY

동주대학교

부사관 인사관리

◈분류 및 보직

❑보직

●주임원사 운용 (예우)

- **주임원사 이, 취임식 실시 및 임명장 수여**
- **주임원사 업무 및 활동차량 지원 / 군숙소 배정**
- **부사관 / 병 소집권한 부여**
  - 편성 : 대대급 이상 (편제 미반영 직위는 겸무직위 운용)
  - 임기 : 2년(2년 주기 연임 / 연임횟수 제한없음)
  - 승인권부대 : 대대 / 연대주임원사, 사(여)단급이상
  - 주임원사 : 인사사령부(부사관과)

강한 친구 대한민국 육군 PRIDE & TRUST, ROK ARMY

동주대학교

부사관 인사관리

◈분류 및 보직

❑보직

●훈련부사관

- 대상 : 장기복무 중사 2년차 ~ 상사
  30세 이하(보병사단 : 보병, 포병, 기갑)
- 성적 : 중급반 중상 이상
- 경력 : 중대급이하 3년이상 근무
  (여군 : 근속5년이상)
- 보직기간 : 3년
- 선발 : 장성급부대 150%추천/육본선발(100%)

강한 친구 대한민국 육군 PRIDE & TRUST, ROK ARMY

동주대학교

부사관 인사관리

◈분류 및 보직

❑보직

- ●미 8군 한국군 지원단 요원 : 8년
  - · 1개 직위 3년 초과 근무 불가(카투사 부사관)
  - · 장기 복무자중 육군 선발 보충 (영어 필기, 회화, 면접 시험 실시)
  - · 2년 이상 근무 후 야전전환 희망자 및 근무부적격자 개별 전속조치

강한 친구 대한민국 육군 PRIDE & TRUST, ROK ARMY

동주대학교

부사관 인사관리

◈분류 및 보직

❑보직

- ●여군 부사관 보직 : 4년(의무복무기간)
  - · 군사급 이상/학교기관 행정직위 우선 활용
  - · 여군하사중 복무연장지원 : 임관 2년차
  - · 복무연장 / 장기복무 확정자는 초급반 수료와 동시 병과직위 활용
  - · 보병, 정보병과 : 연대급이상 군단급 이하제대
  - · 통신, 공병 : 사(여)단 직할대 / 참모부 보직
  - · 항공 : 대대급이상 참모부
  - · 기타 : 남군과 동일하게 보직

강한 친구 대한민국 육군 PRIDE & TRUST, ROK ARMY

동주대학교

부사관 인사관리

◈분류 및 보직

❑보직

- 사관학교 퇴교자(3, 4학년)
  - 계급부여:1학년(일병), 2학년(상병), 3학년(하사), 4학년(중사)
  - 군번부여 : 일반복무 부사관 군번 별도 부여
  - 특기부여 : 보병직군(111)부여
  - 보직관리 : 사(여)단급 부대 분대장, 부소대장

강한 친구 대한민국 육군 PRIDE & TRUST, ROK ARMY

동주대학교

부사관 인사관리

◈분류 및 보직

❑보직

- 인사교류 통제 직위
  - **통제대상**

직위진급,보직,선병,부대배치,신검/의병제대, 계약,구매,검수,군사보호구역 해제 등 인허가 관련 직위, 국고관련업무 직위 등

  - **보직통제기간**

※ 일반통제직위 : 1개 직위 3년이내

※ 전문성 요구직위 : 48개월 기준

강한 친구 대한민국 육군 PRIDE & TRUST, ROK ARMY

동주대학교

부사관 인사관리

◈ 분류 및 보직

❑ 보직

● 복지근무 지원단 부사관

- 임기 : 10년, 2년 이내 1회 연장
- 선발시기 : 년 2회(5, 11월)
- 기준
  - 상사이상 5년이내 정년 미해당자 / 고졸이상 학력 소지자
  - 금전 / 물품 사고로 처벌받은 사실이 없는 자
- 보직관리
  - 복지근무지원단내 본근대, 지구대, 직영시설, 전방지휘소 지원대간 순환 보직
  - 3년 이상 근무 후 순환보직가능
  - 일반부대 전속 시 본인의 최소 근무지로 조정

강한 친구 대한민국 육군 PRIDE & TRUST, ROK ARMY

동주대학교

부사관 인사관리

◈ 분류 및 보직

❑ 보직

● 정밀 고가장비 운용요원

- 대 상 : 토우, 발칸, 자주포, 전차, 천마, 휴대용 SAM요원 등
- 장기복무자중 지원자 선발 후 기능특기 부여 관리
- 자력표의 직군란에 적색으로 기능특기 기록
- 임무수행 불가시 육본에 재분류 건의

● 체육선수

- 고졸이상자 신체등급 2급 이상자
- 체육선수로서 국내외 경기에 출전, 입상 경력자

강한 친구 대한민국 육군 PRIDE & TRUST, ROK ARMY

동주대학교

부사관 인사관리

❑ 선발 및 보충절차

- 체육부대장 (민간 체육기관 / 국내 출전 우수자) 추천자와 각급부대장 추천자
- 경기 실적 증명서, 부대장 의견서 첨부
- 부대근무 부사관은 즉시 전속명령 조치
- 육부교 부사관 후보생 기본교육 이수 후 전속
- 6주간 체력/기량 측정 후 특수 자격 부여, 부적격자 육본 전출 상신 조치

강한 친구 대한민국 육군 PRIDE & TRUST, ROK ARMY

동주대학교

부사관 인사관리

◈ 분류 및 보직

❑ 보직

- 보직요령
  - 보직기간내 인사명령관 부대장이 발령
  - **보직기간 미달자 조정한계**
    - 진급 및 재 분류로 조정시
    - 부대 증 · 창설, 감편, 해체 등으로 보직변경 불가피시
    - 현역 복무 부적합자로 확정된 자
    - 특수부대 부적격자로 보고된 자, 보직 해임된자
    - 직군 변경자 / 위규 및 이중 보직자
    - 성군기 사고 피해자 중 전속을 희망하는자
  - **순환보직 : 업무능력배양, 단계적 보직관리와 동일 직위 장기 근무로 인한 권태감 해소**

강한 친구 대한민국 육군 PRIDE & TRUST, ROK ARMY

동주대학교

부사관 인사관리

◈전속 및 파견

❑일반전속

- 부대창설, 해체, 개편, 증편, 및 감편시
- 피교육자의 입교, 원복 및 재배치할 때
- 재분류되어 전속이 필요할 때
- 보충대 대기 부사관을 배치할 때
- 부대간 병력을 조정할 때
- 장기 복무 부사관의 군간, 군내 교류

강한 친구 대한민국 육군 PRIDE & TRUST, ROK ARMY

동주대학교

부사관 인사관리

◈전속 및 파견

❑개별 전속(승인권자 : 참모총장)

- 특수기술 계통의 자격증 또는 면허증 소지자
- 특수 분야 필요요원 (기무사, 수방사, 특전사)
- 대한 체육회장이 인정하는 국가대표급 운동선수
- 재해 / 고충 부사관
- 특전사 신체부적격자 / 야전 근무 희망자
- 기능사 부대 신원 및 근무부적격자
- 미8군 한국군 지원단 부사관중 육군 원복자

강한 친구 대한민국 육군 PRIDE & TRUST, ROK ARMY

동주대학교

부사관 인사관리

◈ 전속 및 파견

❑ 장군 수행 부사관

- 기준 : 중장급 1명(부대선발, 전속10일이내 1회 명령)

❑ 퇴원 부사관

- 원소속 부대로 발령함을 원칙
  (전상 입원자는 재분류가능)
- 전시 후송 병원 퇴원자는 최기지역 보충대로 전속
- 전시이동외과 병원 퇴원자는 원소속부대 전속조치

강한 친구 대한민국 육군 PRIDE & TRUST, ROK ARMY

동주대학교

부사관 인사관리

◈ 전속 및 파견

❑ 재해 / 고충 부사관

- 사 유

재해 부사관	고충 부사관
· 배우자 사망시 · 배우자/직계자녀중 장기 환자가 있을 때 · 부모중 6개월 이상의 가료를 요하는 환자가 있을 시(본인이 아니면 처리곤란 시) · 직계자녀중 선청성 심신장애/질환으로 본인이 아니면 처리 곤란 시 · 천재지변으로 인적/물적 재해로 생계유지상 본인 아니면 처리곤란 시 · 6개월 이상 가료자 최근 1년이내 발병자	· 부모, 배우자/직계자녀중 만성병, 고질병 환자가 있어 본인이 아니면 처리 곤란 시 · 배우자와 이혼 시 5세이하 자녀가 있어 본인이 아니면 양육 곤란 시 · 가정형편이 어려워 생계유지상 본인이 안면 처리 곤란 시
연고지 희망부대 인력초과시도 전속	희망/인접부대 해직군 인력 판단후 전속

강한 친구 대한민국 육군 PRIDE & TRUST, ROK ARMY

동주대학교

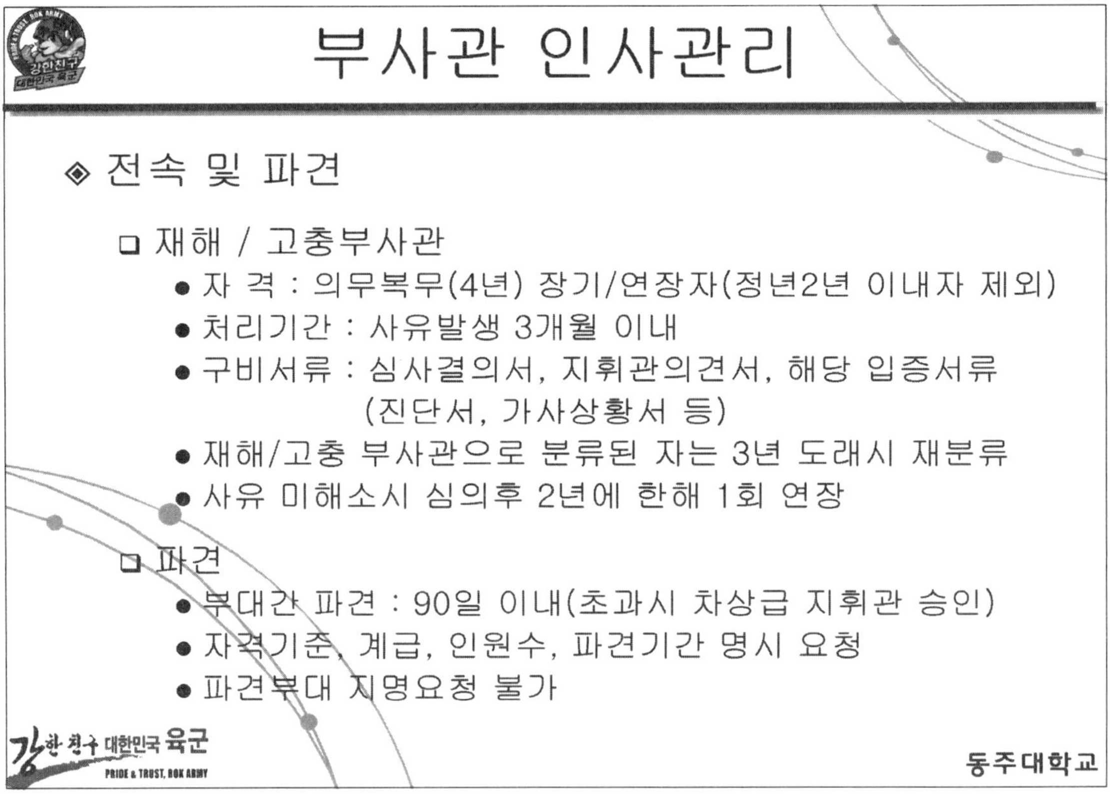
부사관 인사관리
◈ 전속 및 파견
❑ 재해 / 고충부사관
● 자 격 : 의무복무(4년) 장기/연장자(정년2년 이내자 제외)
● 처리기간 : 사유발생 3개월 이내
● 구비서류 : 심사결의서, 지휘관의견서, 해당 입증서류 (진단서, 가사상황서 등)
● 재해/고충 부사관으로 분류된 자는 3년 도래시 재분류
● 사유 미해소시 심의후 2년에 한해 1회 연장
❑ 파견
● 부대간 파견 : 90일 이내(초과시 차상급 지휘관 승인)
● 자격기준, 계급, 인원수, 파견기간 명시 요청
● 파견부대 지명요청 불가
강한 친구 대한민국 육군
PRIDE & TRUST, ROK ARMY
동주대학교

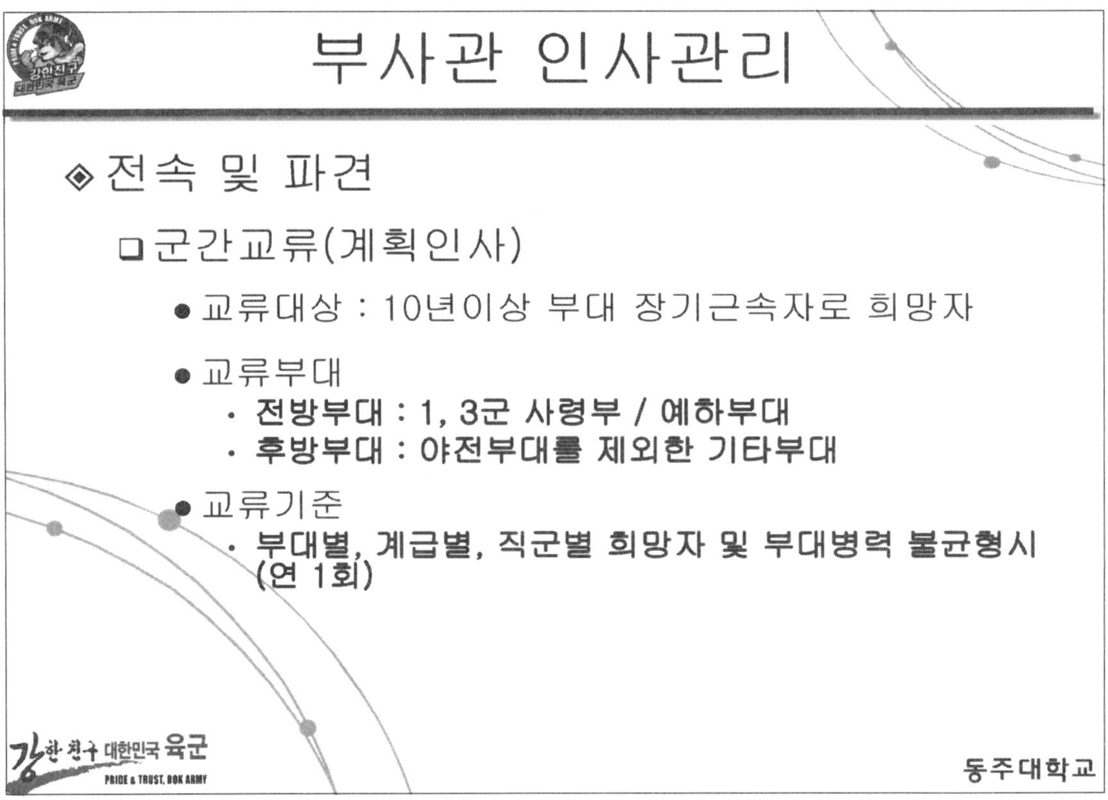
부사관 인사관리
◈ 전속 및 파견
❑ 군간교류(계획인사)
● 교류대상 : 10년이상 부대 장기근속자로 희망자
● 교류부대
· 전방부대 : 1, 3군 사령부 / 예하부대
· 후방부대 : 야전부대를 제외한 기타부대
● 교류기준
· 부대별, 계급별, 직군별 희망자 및 부대병력 불균형시 (연 1회)
강한 친구 대한민국 육군
PRIDE & TRUST, ROK ARMY
동주대학교

부사관 인사관리

◈ 전속 및 파견

❑ 군간교류(계획인사)

● 교류절차

소요직원 판 단 → 희망자 파 악 → 인사심의 확 정 → 균형적 보직 인력조정

※ 군내교류 : 군급부대장 책임하 장기 / 단기복무 부사관의 군내 교류 실시

강한 친구 대한민국 육군 PRIDE & TRUST, ROK ARMY

동주대학교

부사관 인사관리

◈ 전속 및 파견

❑ 명령발령

● 발령기준

- **부대내 전속명령 부대장 발령**
- **사단급이외 전속/파견명령은 사단급이상 부대장 실시**
- **전입일자에 보직부여하여 대기기간 없도록 발령**

● 명령시행

- **군간 인사명령 발령 기준일자 : 3 ~ 7 일**
- **군내 인사명령 발령 기준일자 : 2 ~ 5 일**

강한 친구 대한민국 육군 PRIDE & TRUST, ROK ARMY

동주대학교

부사관 인사관리

◈ 교육

❑ 개인교육

- 개인의 계발을 위해 군 · 내외 교육기관서 실시

❑ 양성교육

- 인력소요 충족을 위한 최초 교육

❑ 보수교육

- 현직책 및 차상위 직무수행능력 향상교육

❑ 자질 향상 교육

- 장기복무 부사관의 자질향상을 위한 대학, 전문대등 교육

강한 친구 대한민국 육군 PRIDE & TRUST, ROK ARMY

동주대학교

부사관 인사관리

◈ 교육

❑ 양성교육

- 교육기관

육군 부사관학교	특전사 특수전학교
일반부사관양성(기본/단기반)	특전사요원 양성
(16주)	(17 주)

강한 친구 대한민국 육군 PRIDE & TRUST, ROK ARMY

동주대학교

부사관 인사관리

◈ 교육

❑ 양성교육

● 교육중 사고자 처리

- **퇴교자**
  - 학교장이 심의를 거쳐 퇴교 조치
  - 퇴교일자부 신분상실과 동시 이전 신분으로 복귀
  - 현역출신은 피교육기간을 원 복무기간에 가산
- **환자**
  - 병원에 입원발령/퇴원 후 교육기능사 교육
- **교육수료자조치 : 군번/군사특기 부여, 부사관 임관**

강한 친구 대한민국 육군 PRIDE & TRUST, ROK ARMY

동주대학교

부사관 인사관리

◈ 교육

❑ 보수교육

● 교육 과정 / 기간

구 분	관리/상급	고급반	중급반	초급반	훈련부사관
대 상	주임원사 / 원사진예자	상사진급 예정자	중사진급 예정자	당해연도 임관자	부대신청
장 소	육부교	병과교	병과교	병과교	육부교
교육기간	2주 / 4주	6 ~ 10주	6 ~ 10주	7 ~ 17 주	12 주

강한 친구 대한민국 육군 PRIDE & TRUST, ROK ARMY

동주대학교

부사관 인사관리

◈ 교육

❑ 보수교육

- 교육명령
  - 당해연도 학급편성계획에 의거 입교명령 발령
- 입교결격사유
  - 전역지원서 제출자, 현역복무부적합자, 2년 이내 정년해당자, 신체5급 또는 7급인자, 휴직
- 교육중 사고자처리
  - 지연도착자 : 원인규명 조치
  - 환자 : 심신장애 입원조치, 교육불가능시 원복조치
  - 불미스런 사고 또는 교육태도 불량자 : 퇴교 조치
  - 퇴교자 : 현역복무부적합 심사위원회 회부

강한 친구 대한민국 육군 PRIDE & TRUST, ROK ARMY

동주대학교

부사관 인사관리

◈ 교육

❑ 자질 향상 교육

- 자격기준 : 장기 복무 부사관중 선발 적합자
- 결격사유
  - 현역복무 부적합자로 보고된 자
  - 중징계 또는 경징계 2회 이상 받은자
  - 국내외 교육기관에서 퇴교된 사실이 있는 자
  - 임관 또는 보수교육 성적이 "하"층인 자
  - 최근 근무 평정 결과 "중"이하인 자
  - 신체등급 4급이하 자
  - 교육이수 후 3년 이내 현역정년 해당자

강한 친구 대한민국 육군 PRIDE & TRUST, ROK ARMY

동주대학교

부사관 인사관리

◈교육

❑자질 향상 교육

●선 발

- **육본선발에 의거 지휘관 추천, 자력 등 검토 선발**

●교육비 지급 및 상환

- **교육비 지급 방침에 의거 본인지급**
- **교육비 상환자 : 수학 중 해임자, 수료후 질병/심신이상으로 전역, 군법 위규자**

강한 친구 대한민국 육군 PRIDE & TRUST, ROK ARMY

동주대학교

부사관 인사관리

제 5 절 근무평정

◈ 개요

❑근무평정 작성목적

● 각 개인의 근무능률 증진

● 지휘관 확립

● 올바른 부사관상 확립 / 무능략자 도태, 군 정예화

● 진급, 교육, 임관, 보직 등 인사관리 기본자료 활용

강한 친구 대한민국 육군 PRIDE & TRUST, ROK ARMY

동주대학교

부사관 인사관리

◈ 개요

❑ 평정표의 종류

- 정기 평정표 : 작성기준일을 기준 작성
- 추가 평정표 : 관찰기관(60일) 부족으로 미작성자

❑ 평정작성 시기

종류 \ 구분		기 준 일	작 성 일	제 출 일
정기평정		1.1	3.1	육본지정일
추가평정	1 차	5.1	7.1	
	2 차	7.1	9.1	

강한 친구 대한민국 육군 PRIDE & TRUST, ROK ARMY

동주대학교

부사관 인사관리

◈ 개요

❑ 사전평정

- 피평정자 전속 또는 보직변경 시
  - 업무실적란 작성 평전권자에게 제출
  - 평정대상/분포인원간 집단구성, 평정 실시
- 평정자 전속 또는 보직변경 시
  - 현부대 부사관 대상 일변일 기준 평정 작성
  - 작성된 평정표 인사장교에게 제출 후 출발

강한 친구 대한민국 육군 PRIDE & TRUST, ROK ARMY

동주대학교

부사관 인사관리

◈ 개요

❑ 사전평정

- 추가평정
  - 피평정자 작성기준일(1.1) 일보 기준, 1·2차 평정자와 관찰기간 60이 미달시
  - 작성기준일 이후(1. 2) 타부대에서 전입
  - 전 부대에서 1,2차 평정자와 관찰기간 부족시
  - 교육수료 후 초급반 연계교육으로 1월 2일 이후 자대복귀자

강한 친구 대한민국 육군 PRIDE & TRUST, ROK ARMY

동주대학교

부사관 인사관리

◈ 개요

❑ 평정집단 구성

- 전계급을 기능병과별로 집단구성 (전투, 기술, 행정, 특수병과)
- 여군은 남군과 동일 집단 구성
- 진급예정자는 평정 작성일 기준 현 계급 평정 집단 구성(3.1 진급자 진급된 계급)

❑ 평정방법

- 절대평가(2~4부) + 상대평가(5부) 혼용

강한 친구 대한민국 육군 PRIDE & TRUST, ROK ARMY

동주대학교

부사관 인사관리

◈ 개요

❑ 평정계통

● 1차 평정자

· **편제직위상 피평정자 1차 지휘 감독자**

● 2차 평정자

· **1차 평정자를 평가할 수 있는 상위 직위자**

● 부사관선임자

· **지휘관에 의해 부서관 / 병에 대한 책임과 권한을 위임 받아 근무하는 부사관**

강한 친구 대한민국 육군 PRIDE & TRUST, ROK ARMY

동주대학교

부사관 인사관리

◈ 작성요령

❑ 일반사항

- 피평정자와 평정자간 60일 이상근무
- 필기구 플러스펜 사용, 명확한 기록
- 정정 또는 삭제 금지
- 본인이 직접 작성(인적사항을 제외)
- 내용 공개나 평정결과 논의 금지

강한 친구 대한민국 육군 PRIDE & TRUST, ROK ARMY

동주대학교

부사관 인사관리

◈ 작성요령

❑ 세부 작성요령

※ 평정표 양식참조(간부용)

강한 친구 대한민국 육군 PRIDE & TRUST, ROK ARMY

동주대학교

부사관 인사관리

◈ 작성요령

❑ 두부

- 작성일자는 아라비아 숫자 기록
  (정기 2006 0301, 추가 1차 0701, 추가 2차 0901)
- 작성구분 해당란(정기, 추가)에 X 표시

❑ 제 1부 피평정자 인적사항

- 육본 전산자력과 일치된 자력표 원본 근거 기록
- 기록 확인관란 인사 실무자 인적사항 기록 / 서명

강한 친구 대한민국 육군 PRIDE & TRUST, ROK ARMY

동주대학교

부사관 인사관리

◈ 작성용령

❑ 세부 작성요령

- 현 계급 및 군번 정확히 기록
- 전산자력에 기록된 병과 및 직군입력
- 직책과 관련 최하위 단위 소속 기록
- 기준일(1.1)부 직책 및 보직일 기록
- 평정자/피평정자와의 근무개월 수 환산

강한 친구 대한민국 육군 PRIDE & TRUST, ROK ARMY

동주대학교

부사관 인사관리

◈ 작성요령

❑ 세부 작성요령

- 피평정자 자필로 기간 중 수행란 업무실적 결과, 상급부대 측정 / 검열 결과 등을 6하 원칙에 의거 작성
- 업무실적 작성기간은 전년도 작성일 이후부터 당해연도 작성일까지 기록
- 세부평가요소는 임무수행능력에 대한 1, 2차 평정자가 절대평가

강한 친구 대한민국 육군 PRIDE & TRUST, ROK ARMY

동주대학교

부사관 인사관리

◈ 작성요령

❑ 세부 작성요령

- 평가요소별 등급부여 기준표에 의한 평가
- 각 요소에 대한 평가결과 기록시 1, 2차 평정자가 영문자로 해당등급 기록
- 평정표 뒷면 상단 인적사항은 일부 피평정자 인적사항란과 동일하게 작성

강한 친구 대한민국 육군 PRIDE & TRUST, ROK ARMY

동주대학교

부사관 인사관리

◈ 작성요령

❑ 세부 작성요령

- 종합판정(상대평가 실시)

평정자	일 반	교관/구대장훈련부사관 특수직위요원(해파포함)
1 차 평정자	50%	50%
2 차 평정자	30%	50%

강한 친구 대한민국 육군 PRIDE & TRUST, ROK ARMY

동주대학교

부사관 인사관리

◈ 작성요령

❑ 세부 작성요령

● **종합판정**(상대평가 실시)

· **분포인원, 대상인원 등급별 분포된 인원 기록**

· **종합의견**

- 부사관 선임자 : 피평정자에 대한 직접적 의견 제시
- 1, 2차 평정자 : 피평정자의 장점 / 보완사항 전체평가

· **작성자**

- 부사관 선임자, 1·2차 평정자 순으로 인적사항 기록 / 서명

강한 친구 대한민국 육군 PRIDE & TRUST, ROK ARMY

동주대학교

부사관 인사관리

제 6 절 진급

◈ 진급 선발 대상권

❑ 진급 선발 대상
(진급 발령일 기준 진급 최저 복무기간 도달자)

● 상사 → 원사 : 상사
● 중사 → 상사 : 장기 복무 중사
● 하사 → 중사 : 단기 복무 하사

❑ 진급 최저 복무 기간

진 급 될 계 급	현계급 최저 복무기간
원 사	상사로서 7 년
상 사	중사로서 5 년
중 사	하사로서 2 년

강한 친구 대한민국 육군 PRIDE & TRUST, ROK ARMY

동주대학교

부사관 인사관리

◈진급

❑진급최저 복무기간 제외기간

- 탈영, 수형, 행방불명기간 및 구속기간
- 휴직 및 정직 기간(사건계류로 휴직중 제외)
- 구류기간('81. 3. 2 이후 처분된 자)
- 사비 유학을 위한 청원 휴직기간

강한 친구 대한민국 육군 PRIDE & TRUST, ROK ARMY

동주대학교

부사관 인사관리

◈ 진급 낙천 대상

구　　분	내　　용
사유 해소시까지 낙　천	· 군사법원에 기소 또는 구금 중인 자 · 포로 또는 행방불명인 자 / 탈영중인 자 · 비전공상 입원자/해년도 신검 / 체력검정 불합격 자
1회에 한해 낙천	· 군사법원에서 유죄판결을 받고 제적되지 아니한 자 · 중징계 처분을 받은 자나 경징계 3회 이상 받은 자 · 군사보수교육에서 낙제 또는 불명예로 퇴교된 자 · 다른 평정자로부터 2회 이상 "열등"평가자

강한 친구 대한민국 육군 PRIDE & TRUST, ROK ARMY

동주대학교

부사관 인사관리

◈ 진급 낙천 대상

- ❑ 진급 예정인원 : 인력운영 계획 및 직군별 판단
- ❑ 진급 선발 시기 : 연1회(전시 분기별)
- ❑ 진급권자
  - 하사 → 중사 : 사단장(여단장 포함)급 이상 지휘관
  - 중사 → 상사 : 군사령관 이상
  - 상사 → 원사 / 여군 : 참모총장

강한 친구 대한민국 육군 PRIDE & TRUST, ROK ARMY

동주대학교

부사관 인사관리

◈ 진급 선발위원회

- ❑ 심사위원회 구성
  - 육본(4심제), 군사급 제대(3~4심제)
  - 부대여건 상(단심제 가능)
- ❑ 심사위원
  - 3~21명(3심제의 경우 각 위원회별 5인)
- ❑ 위원 임명
  - 육본(참모총장 임명), 예하부대(진급권자)
- ❑ 회의
  - 위원 과반수의 찬성으로 의결
  - 회의는 비공개, 위원회 토의 내용 일체 공개금지
  - 개인기록/관계 서류는 익년도 진급 심의까지 보관

강한 친구 대한민국 육군 PRIDE & TRUST, ROK ARMY

동주대학교

부사관 인사관리

◈ 선발 절차 및 기준

진급 및 선발 절차

- 각 추천위원회별 대상자 심의 후 각 공석 추천
- 추천위원회 추천자 대상으로 선발위 심사 실시
- 동등한 심사조건 상호 격리된 장소 심의
- 3개 추천위원회 동시 추천자 확인후 선발

강한 친구 대한민국 육군 PRIDE & TRUST, ROK ARMY

동주대학교

부사관 인사관리

◈ 선발 절차 및 기준

❑ 평가기준

평가요소		근무평정	지휘추천	경력	교육	신체/체력	근속기간	진급년차	상훈
배점	상사→원사 중사→상사	50	15	20	10	5			등급제 적용
	하사→중사	45	15	15	15	5			
비 고				해특기:5 격오지:5		합·불제			

❑ 평가요소

- 4등급화(상, 중상, 중, 하)로 배점기준 가중치 부여
  (상 : 100%, 중상 : 95%, 중 : 90%, 하 : 80%)

강한 친구 대한민국 육군 PRIDE & TRUST, ROK ARMY

동주대학교

부사관 인사관리

◈ 선발 절차 및 기준

❑ 근무평정 평가

- 현계급 진급년부터 당해 계급 기간 중 적용
- 연도별 평정등급 점수로 환산, 산술 평균 적용

부 여 등 급		상	중상	중	하
적용	96이전	50.00	47.50	45.00	40.00
	97이후	평정표세부배점기준에 의거 산출 점수 적용 (산출점수=당해연도 평가점수 X 0.5(중사,상사) 당해연도 평가 점수 X 0.6(하사)			

강한 친구 대한민국 육군 PRIDE & TRUST, ROK ARMY

동주대학교

부사관 인사관리

❑ 지휘추천 평가

구 분	병과/직군	추천제대	접수부대	집단구성	추천방법
중사→상사	보 병	연 대	사단급	직군별 추천	등급 상층은 서열부여
	포 병	연 대	군사급		
	기 타	사 단			
상사→원사	보 · 포	연 대	육본	병과별 추천	
	기 타	사 단			

- 등급별 점수

등 급	상	중상	중	하
점 수	15	14.25	13.50	12.00

※ 여군은 전계급 공히 남군과 별도 집단 구성 추천

강한 친구 대한민국 육군 PRIDE & TRUST, ROK ARMY

동주대학교

부사관 인사관리

◈ 선발 절차 및 기준

❑ 경력 평가

- 해특기 직위에 근무기간과 격오지 근무기간 병행 평가
- 변경 전 직군 근무기간 포함하되, 위규보직기간 미평가
- 격오지 근무 : GP, GOP, 해안 및 강안대대, 방공진지,
  통신중계소, R/D기지, 해외 파병자,
  학교기관 교관 / 구대장, 훈련부사관

※ 질적 평가시 우대

강한 친구 대한민국 육군
PRIDE & TRUST, ROK ARMY

동주대학교

부사관 인사관리

❑ 등급 평가/점수(전투병과)

구 분		상	중상	중	하
상 사 (행보관)	보병	36개월이상	24-35개월	23개월이하	미보직자
	기,포,방,공,통	24개월이상	12-13개월	11개월이하	
중 사 (부소대장)	보,기,포,방,공,통	36개월이상	18-35개월	18개월미만	
하 사 (분대장)	분대장 및 해당특기 분야	12개월이상	6개월이상	6개월미만	
비 고		5.00	4.75	4.50	4.00

강한 친구 대한민국 육군
PRIDE & TRUST, ROK ARMY

동주대학교

부사관 인사관리

◈ 선발 절차 및 기준

❑ 경력 평가

● 등급 평가 및 점수(기타 병과)

구 분	상	중 상	중	하
상 사	7년 이상	6~7년 미만	4~6년 미만	4년 미만
중 사	5년 이상	4~5년 미만	3~4년 이상	3년 미만
하 사	2년 이상	18~24개월 미만	12~18개월 미만	1년 미만
점 수	5.00	4.75	4.50	4.00

● 격오지 경력

구 분	상	중 상	중	하
상 사 / 중 사	2년 이상	1~2년 미만	1년 미만	미근무
하 사	6개월 이상	3-6개월 미만	3개월 미만	
점 수	5.00	4.75	4.50	4.00

※ 산정기준일 : 진급심사년도 9.30 부

강한 친구 대한민국 육군 PRIDE & TRUST, ROK ARMY

동주대학교

부사관 인사관리

◈ 선발 절차 및 기준

❑ 교육평가

● '90.12.31이전 현계급(중사, 상사) 진급자

· **계급별 적용과정의 교육이수 여부 평가**

· **미 이수자는 복무년수별로 차등평가**

구 분	상	중 상	중
상 사	4주이상 교육수료	교육 미수료자	
중 사		진급후 15년 이상	진급후 15년 미만
점 수	10.00	9.50	9.00

강한 친구 대한민국 육군 PRIDE & TRUST, ROK ARMY

동주대학교

부사관 인사관리

◈ 선발 절차 및 기준

❑ 교육평가

● '91. 1. 1이후 현계급(중사, 상사) 진급자

- '91.1.1~'93.12.31 사이 진급자는 계급별 적용과정평가
- 2개과정/상위과정 수료시 유리한 성적/서열 적용
- '94. 1. 1 이후 진급자는 해당 계급별 수료과정 적용

구 분	상	중 상	중	하
전계급	서열 30% 이내 또는 성적 90점 이상	서열 31%-70% 이내 또는 성적 85-90점 미만	서열 70% 미만 또는 성적 70-85점 미만	성적 70점 미만
점 수	10.00	9.50	9.00	8.00

강한 친구 대한민국 육군 PRIDE & TRUST, ROK ARMY

동주대학교

부사관 인사관리

◈ 선발 절차 및 기준

❑ 교육평가

구 분	상	중 상	중	하
최종교육	서열 30% 이내 또는 성적 90점 이상	서열 31%~70% 이내 또는 성적 85~90점 미만	서열 70% 미만 또는 성적 70~85점 미만	성적 70점 미만
점 수	7.00	6.65	6.3	5.6
차 하위 교 육	서열 30% 이내 또는 성적 90점 이상	서열 31%~70% 이내 또는 성적 85~90점 미만	서열 70% 미만 또는 성적 70~85점 미만	성적 70점 미만
점 수	3.00	2.85	2.7	2.4
총 점	10.00	9.50	9.00	8.00

강한 친구 대한민국 육군 PRIDE & TRUST, ROK ARMY

동주대학교

부사관 인사관리

◈선발 절차 및 기준

❑교육평가

● '01.1.1 이후 교육 입교자(학교교육 평가제도 개선)

구 분	상	중상	중
초급반	점수 90% 이상	점수 80~89%	점수 70~79%
중·고급반 (양성과정)	서열 40% 이내	서열 41~80%	서열 80% 미만

강한 친구 대한민국 육군 PRIDE & TRUST, ROK ARMY

동주대학교

부사관 인사관리

◈선발 절차 및 기준

❑상훈평가

● 당해계급 정체기간 수여한 훈장, 표창을 대상 적용

● '93년도 이전 상훈은 매년 수상한 훈표창 중 1개만 적용

● '94년 이후는 반기단위 수상한 훈표창 중 최상위 포상1개와 전투유공 합산

강한 친구 대한민국 육군 PRIDE & TRUST, ROK ARMY

동주대학교

부사관 인사관리

◈ 선발 절차 및 기준

❑ 상훈평가

- 훈격별 점수 기준

훈 격	장 관	군사령관	군단장	사단장	연대장	대대장	중대장
점 수	5.0	4.0	3.0	2.0	1.0	0.8	0.5

- 적용점수

등 급		상	중 상	중	하
표 창 점 수	중, 상사	5점 이상	4~5점 미만	3~4점 미만	3점 미만
	하사	2점 이상	1.5~2점 미만	1~1.5점 미만	1점 미만
점 수		5.00	4.75	4.5	4.00

부사관 인사관리

◈ 선발 절차 및 기준

❑ 근속기간 평가

- 임관일로부터 진급년도 12.31까지 계산 적용
- 현역복무기간의 계산 및 복무기간 제외기간 적용
- 등급평가 및 점수

구 분	상	중상	중	하
상 사	25년 이상	25년 이상~ 25년 미만	15년 이상 ~ 20년 미만	15년 미만
중 사	15년 이상	12년 이상 ~ 15년 미만	9년 이상 ~ 12년 미만	9년 미만
하 사	대상자 전원			
점 수	5.00	4.75	4.5	4.00

부사관 인사관리

◈ 선발 절차 및 기준

❏ 진급년차 평가

- 현계급 진급년도로부터 계급 정체기간 차후 진급년도 12.31까지 계산

구 분	상	중 상	중	하
상 사	12차 이상	7차~11차	2차 ~6차	1차
중 사	9차 이상	6차 ~8차	3차 ~5차	2차 이하
하 사	대상자 전원			
점 수	5.00	4.75	4.5	4.00

강한 친구 대한민국 육군
PRIDE & TRUST, ROK ARMY

동주대학교

부사관 인사관리

◈ 선발 절차 및 기준

❏ 표준평가 요소에 대한 질적 평가

- 평정,경력,교육,지휘추천,상훈 등 긍정적/부정적 사항

❏ 잠재역량 평가

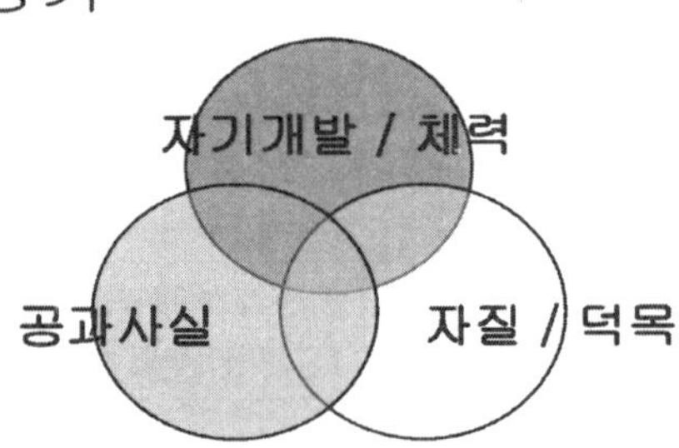

❏ 군악부사관은 실기 측정 결과를 반영

강한 친구 대한민국 육군
PRIDE & TRUST, ROK ARMY

동주대학교

부사관 인사관리

◈ 선발 절차 및 기준

❑ 신체 및 체력

- 군복무 가능여부의 절대적 기준
- 검사결과에 의거 합격자는 심사대상으로, 불합격자는 진급 낙천자로 함
  - **신체검사는 장병 정례신체검사 결과 적용**
  - **전년도 불합격자는 당해 연도 정례신검 실시후 결과 적용**
  - **정당한 사유 없이 신검 미필자는 진급선발에서 제외**

강한 친구 대한민국 육군 PRIDE & TRUST, ROK ARMY

동주대학교

부사관 인사관리

◈ 선발 절차 및 기준

❑ 신체 및 체력

- 등급별 판정 적용

구 분	합격	불합격
신체검사	1~4급 : 합격	5급 : 불합격 재신검 및 미실시자
적 용	진급심사대상	낙천자로 분류

- 본인확인서 집행 후 심사 2주전까지 제출
- 체력검정 결과는 잠재역량 반영('02년부터 시행)

강한 친구 대한민국 육군 PRIDE & TRUST, ROK ARMY

동주대학교

부사관 인사관리

◈ 선발 절차 및 기준

❑ 징계처분기록 말소제/감점기준('06.3.1부 수정)

● 징계처분기록 말소제

· 경과기간

중 징 계	경 징 계		
정 직	감 봉	근 신	견 책
7 년	5 년	3 년	2 년

· **징계처분, 보직해임 등 기록말소된 자는 감점규정 미적용**

· **'97.4.13 이후 감봉 처벌자는 경징계 적용**

● 감점기준

중 징 계 (정 직)	경 징 계		
	감 봉	근 신	견 책
5 점, 1회 낙천	4 점	3 점	2 점

강한 친구 대한민국 육군 PRIDE & TRUST, ROK ARMY

동주대학교

부사관 인사관리

◈ 진급 발령

❑ 진급 발령

● 진급예정자 명단

· **대상 전부대에 명단 발표**

● 진급 발령

· **인력 운영계획에 따라 매월 1일부 발령 원칙**

● 발령의 보류 / 진급시킬 수 없는 사유

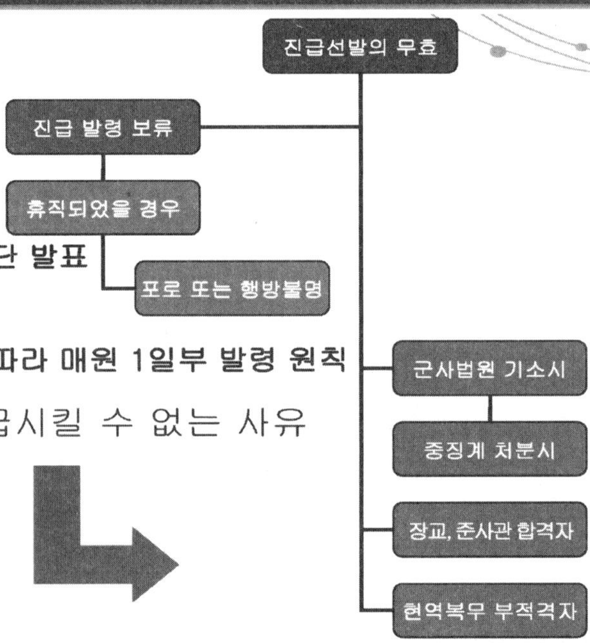

강한 친구 대한민국 육군 PRIDE & TRUST, ROK ARMY

동주대학교

부사관 인사관리

◈ 특별진급

❑ 전투 유공자 진급

- 진급 최저복무기간의 2/3에 도달시 1계급 진급 가능

❑ 전투 유공자 대상

- 전군의 귀감아 되는 발군의 공을 세운 자
- 국가 비상사태시 임무를 완수로 전군의 귀감이 되는 자

❑ 전사자 및 추서자 진급

- 대상
  - 전사자 및 전상으로 인한 사망자 중 발군의 공을 세운 자
  - 순직자로서 타의 모범이 되고 희생정신을 발휘한 자
  - 기타 순직자로서 추서시킬만한 충분한 사유가 있는 자
- 진급의 한계
  - 원사 : 준위 / 상사, 중사, 하사 : 1계급 진급
  - 부사관 후보 및 병장 : 하사
- 체육선수
  - 국내/국제대회 우수한 성적 취득자

강한 친구 대한민국 육군 PRIDE & TRUST, ROK ARMY

동주대학교

부사관 인사관리

제 7 절 분 리

◈ 전역의 종류 및 절차

❑ 원에 의한 전역

- 대상 : 장기복무 부사관으로 의무복무기간을 마친자
- 의무복무 만료자는 자동전역, 귀향지 파악 보고
- 전역지원서 2부 작성 후 본인 희망전역월에 따라 3 개월전 수시 제출
- 20년 이상 군복무자는 퇴역지원 가능

강한 친구 대한민국 육군 PRIDE & TRUST, ROK ARMY

동주대학교

부사관 인사관리

◈ 전역의 종류 및 절차

❑ 전역취하 절차
- 취하 신청서 1부 작성 제출
- 전역희망월 2개월 전까지 1회 제출
- 지휘관은 전투력 기여 고려 취하 승인

❑ 전역일
- 희망월 말일부(단기 복무자는 임관일 전일)

❑ 역종편입
- 퇴역지원/퇴역자를 제외하고 예비역으로 편입

강한 친구 대한민국 육군 PRIDE & TRUST, ROK ARMY

동주대학교

부사관 인사관리

◈ 전역의 종류 및 절차

❑ 전역명령 발령

희망전역	전역일 1개월 이전까지 발령
정년전역/ 명예전역	전역일 3개월 이전까지 발령
원에 의하지 아니한 전역	전역일 1개월 이전까지 발령

강한 친구 대한민국 육군 PRIDE & TRUST, ROK ARMY

동주대학교

부사관 인사관리

◈전역의 종류 및 절차

❑정년전역

- 전역일
  - 현역정년에 달하는 날의 다음달 말일부
- 퇴역
  - 20년 이상 현역에 복무하고 퇴역을 원하는 자
  - 연령정년에 달하는 자
  - 전공상으로 인하여 군에 복무할 수 없는 자
  - 여자 군인으로서 현역을 마친 자

강한 친구 대한민국 육군 PRIDE & TRUST, ROK ARMY

동주대학교

부사관 인사관리

◈전역의 종류 및 절차

❑심신장애자 전역

- 3~5인의 장교로 구성된 전공상 심의후 후송
- 군병원 의무조사위 심의후 육본 심사 의결

심신장애1~7급자 : 퇴역

심신장애 8~9급자 : 예비역 편입

심신장애 10~11급자 : 퇴원후 현역복귀

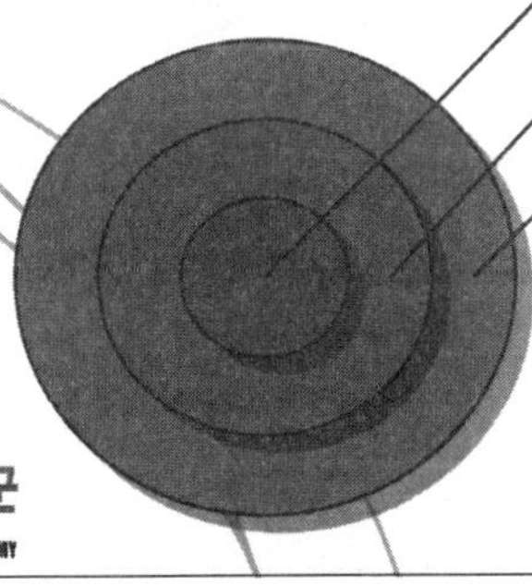

20년이상 현역복무자 원에 의거 퇴역 가능

강한 친구 대한민국 육군 PRIDE & TRUST, ROK ARMY

동주대학교

부사관 인사관리

◈전역의 종류 및 절차

❑심신장애자 전역

- 조사 및 심사보류
  - 탈영 및 행방불명자
  - 군사법원 기소 또는 징계위원회 회부된 자
  - 위독상태에 있는 자
  - 계속 가료 또는 관찰이 요구될 때

강한 친구 대한민국 육군 PRIDE & TRUST, ROK ARMY

동주대학교

부사관 인사관리

◈ 전역의 종류 및 절차

❑ 명예전역

- 명예전역 심의 / 확정순기
  - 전반기 : 당해년도 1월 중
    후반기 : 해년도 5월 중
- 예산집행 지침
  - 배정예산 범위내 50%씩
    전후반기로 분배 집행
- 선발심사 기준
  - 계급별 인력운영 수준
  - 상위계급자/장기근속자

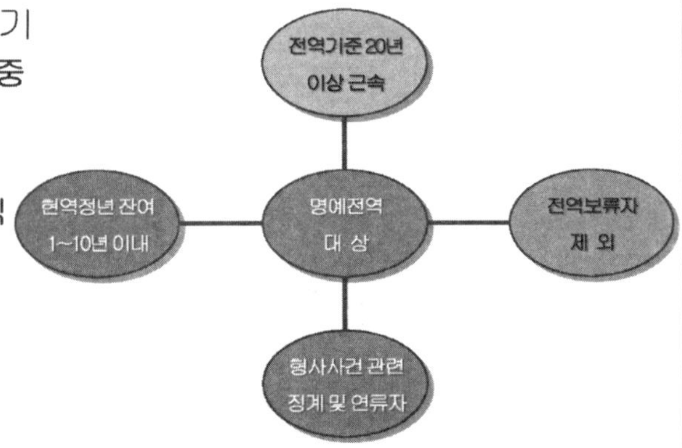

강한 친구 대한민국 육군 PRIDE & TRUST, ROK ARMY

동주대학교

부사관 인사관리

◈전역의 종류 및 절차

❑제적

● 대상

- 사망 / 실종선고를 받았을 때
- 징계처분결과 파면처분/임관결격사유 해당시
- 행방불명된 자(전투/재해중:1년, 일반:2년)
- 포로중 적국동조, 귀환거부, 사망 및 포로관리 부적합자로 인정된 자

강한 친구 대한민국 육군 PRIDE & TRUST, ROK ARMY

동주대학교

부사관 인사관리

◈전역의 종류 및 절차

❑제적

● 제적자 인사처리

- 군사법원 제적명령 발령 동시 귀향 / 이감조치
- 제적명령 발령시 현신분 및 군번 명령발령
- 형 확정자로 제적후 석방과 동시 자대 보충대 대기
- 항소자로 실형확정자시 육군교도소, 석방되는 자는 제 3 보충대 전속 조치
- 교도소장 및 3보충대장은 항소결과에 의거 형 확정 7일 이내 제적상신
- 역종부여는 복무기간에 관계없이 보충역 편입처분

강한 친구 대한민국 육군 PRIDE & TRUST, ROK ARMY

동주대학교

부사관 인사관리

◈조사위원회 및 행정절차

❑현역복무 부적합자 기준

- 능력부족으로 당해계급의 직무수행 불가자
- 성격문제로 현역복무 불가능이 인정되는 자
- 직무수행에 성의가 없거나 직무수행을 포기하는 자
- 기타 군발전에 저해가 되는 능력 또는 도덕상 결함자

강한 친구 대한민국 육군 PRIDE & TRUST, ROK ARMY

동주대학교

부사관 인사관리

◈조사위원회 및 행정절차

❑조사받을 사유

- 군법 유죄판결자로 제적되지 아니한 자
- 중징계 처벌 / 2회이상 경징계 처분자
- 교육과정에서 낙제/불명예사유 퇴교자
- 다른 평정자로부터 2회이상“열등” 평가자
- 전역심사 위원회 설치권자가 현역복무 부적합자로 인정한 자(감찰, 헌병 통보)
- 기타 현역복무에 부적합 하다고 보고된 자

강한 친구 대한민국 육군 PRIDE & TRUST, ROK ARMY

동주대학교

부사관 인사관리

◈조사위원회 및 행정절차

❑절차

- 지휘관은 사유발생 30일 이내 조사위 보고
- 설치권자는 접수 15일 이내 조사위 소집 조사후 전역권자 보고
- 조사사유 해당자는 바로 전역심사위원회 회부 가능
- 조사위원회 설치권자까지의 중간지휘권은 의견서만 제출

강한친구 대한민국 육군 PRIDE & TRUST, ROK ARMY

동주대학교

부사관 인사관리

◈ 조사위원회 및 행정절차

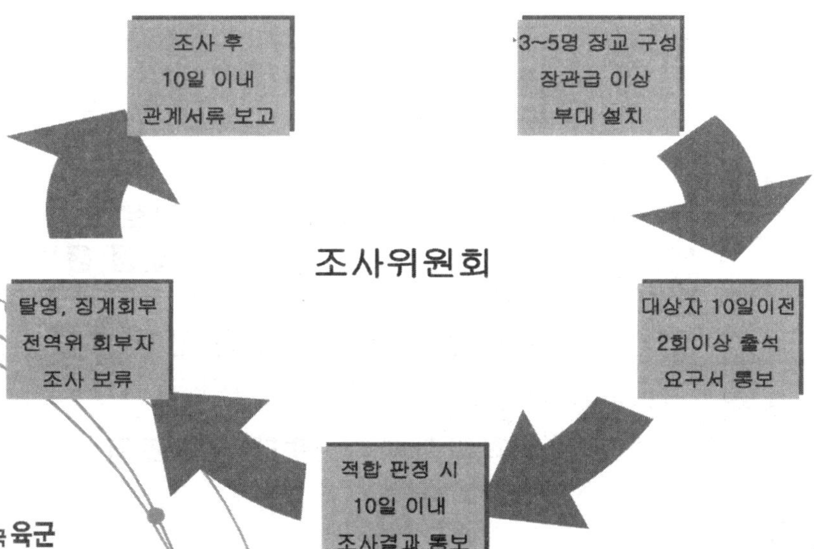

강한친구 대한민국 육군 PRIDE & TRUST, ROK ARMY

동주대학교

부사관 인사관리

◈ 조사위원회 및 행정절차

❑ 전역심사 위원회

- 3~7인의 영관장교, 위원장 : 대령/장관급부대 설치

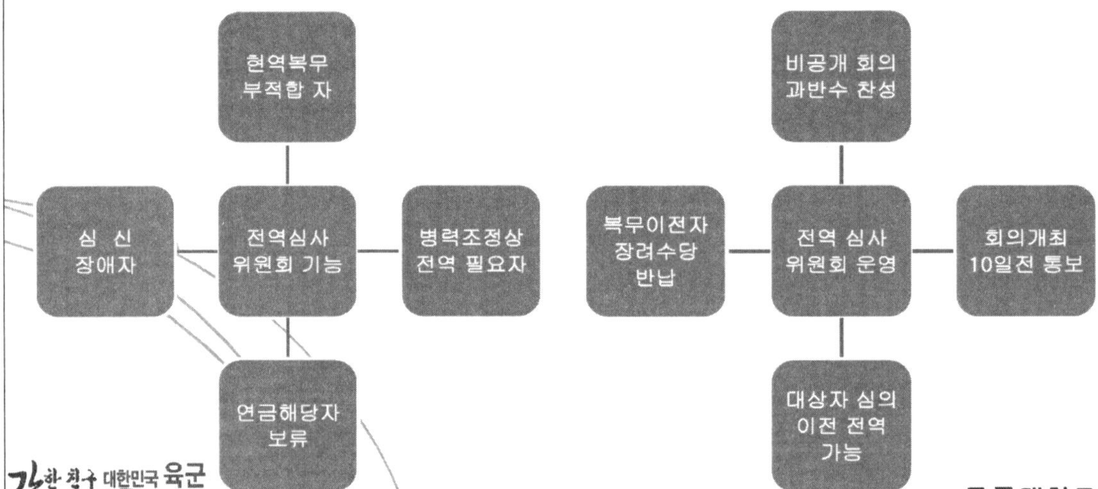

강한 친구 대한민국 육군 PRIDE & TRUST, ROK ARMY

동주대학교

부사관 인사관리

◈ 인사소청 / 전역절차

❑ 인사소청

- 설치 구성 : 5~9인의 영관장교 / 육군본부 설치
- 소청 절차
  - · **제적명령 수령 30일 이내 등기우편으로 소청**
  - · **위원회는 소청 접수 30일 이내 가부결정 통보**
  - · **심사결정이 있은 후 15일 이내 소청인에게 통보**
  - · **전역 또는 제적 취소시 30일 이내 현역 복귀**
- 복귀자의 인사분류
  - · **전역 또는 제적일자부 3보충대 전속조치**

강한 친구 대한민국 육군 PRIDE & TRUST, ROK ARMY

동주대학교

부사관 인사관리

◈인사소청 / 전역절차

❑전역절차

● 전역발령

- 전역일까지 10년이상자 의원 보직해임 가능
- 10년이상 복무자 전역장 수여(참모총장 명의)
- 전역행사는 대령급 이상 지휘부대 거행 원칙 (정년전역자 및 20년 이상 의원 전역자 전역행사 실시)

강한 친구 대한민국 육군 PRIDE & TRUST, ROK ARMY

동주대학교

부사관 인사관리

제 8 절 기록관리

◈ 자력표 관리

❑ 최초작성

- 임관부대 자력표, 자력철, 초임전산 발췌표 작성
- 임관 7일전 인사사령부 인사행정처장에게 제출
- 인사사령부 확인 후 원본 전속선 부대 송부

❑ 재작성

- 분실 또는 훼손시, 마모되어 사용곤란시, 정정이 많아 정확을 기하기 어려울때
- 부대장확인서 및 관계관 혹은 본인 전말서 첨부 요청
- 부주의 경우 징계처분장 발령

강한 친구 대한민국 육군 PRIDE & TRUST, ROK ARMY

동주대학교

부사관 인사관리

◈ 자력표 관리

❑ 임시 자력표
- 전입 30일 경과 미접수시 임시 자력표 작성
- 60일 경과후 미도착시는 인사사령부 재작성 상신
- 원본 접수시 임시자력표 내용 이기후 폐기
- 임시 자력표는 원소속부대만 사용

❑ 자력표 열람
- 담당관 입회하 공적인 목적하에서 열람 실시
- 사실과 상이한 부분은 증빙서류 첨부 기록변경 상신
- 공공기관의 개인정보 보호에 관한 법률에 따라 관리
- 승인된 자 이외의 사용 및 열람 금지

강한 친구 대한민국 육군 PRIDE & TRUST, ROK ARMY

동주대학교

부사관 인사관리

◈ 자력표 관리

❑ 자력표 관리
- 원본 : 인사명령권 부대 관리
- 60일 이상 파견시 대상부대 관리
- 전산자력표 관리 : 인사행정처 부사관과 각 담당관

❑ 자력표 순환
- 전속/파견 시 : 본인지참 / 불가시 수발계통 송부
- 전역시 원본은 익월10일내 이관, 전산자력표는 전역 3개월후 익월 10일내 송부

강한 친구 대한민국 육군 PRIDE & TRUST, ROK ARMY

동주대학교

부사관 인사관리

◈자력표 순환절차

❑전역자 전산자력 D/B 관리 및 활용

- 인사행정처장 : 전시 동원소집시 대인자력 순환을 위한 CD작성
- 연1회 제작하며 사(여)단급 이상 국방전산망 운영부대 단위 배포
- 동원령 선포시 D/B 활용 동원대상자의 자력표 출력 인사권 부대 분배

강한 친구 대한민국 육군 PRIDE & TRUST, ROK ARMY

동주대학교

부사관 인사관리

◈자력표 순환절차

❑전사, 순직, 포로가 되었을 경우

- 원본 : 사유발생 7일 이내 인사행정처장에게 제출
- 전산자력표 : 최종 기록 확인 후 기정단 이관, 영구보관

❑탈영삭제(복귀) 시

- 탈영삭제 일보에 동첨하여 인사행정처장 송부
- 3년 이내 미복귀시 기정단 이관
- 복귀시 귀대 보고에 의거 7일 이내 구속(자수)부대 송부

강한 친구 대한민국 육군 PRIDE & TRUST, ROK ARMY

동주대학교

제2장

군법/징계

별도 교육자료 참조

제3부

인간중심 리더십

목 차

여러분들의 입장이라면...

첫째, 소대원들과 몸으로 부딪치며 함께 땀 흘리는 소대장과, 전투화의 먼지나 불어가며 뒷짐 지고 서서 이것해라, 저것해라 잔소리만 늘어놓는 소대장이 있다면 **누구를 따를 것인가?**

둘째, 정(情)과 사랑이 바탕이 된 인간미가 넘치는 소대장과, 인정이라고는 눈곱만큼도 없이 자기 자신 밖에 모르는 소대장이 있다면, 여러분은 이 두 부소대장 중에 어느 **누구를 더 좋아하겠는가?**

셋째, 자신을 인정해 주고 칭찬하는 소대장과, 만날 때마다 욕이나 하고 꾸지람만 하는 소대장이 있다면 여러분들은 **누구와 가깝게 지내고 싶겠는가?**

넷째, 매사를 자신감 있게 처리하는 소대장과, 무엇을 어떻게 하여야 할지 모르고 허둥대는 소대장이 있다면 여러분들은 **누구를 더 신뢰하겠는가?**

다섯째, 동료 간부와 예하 분대장들과 좋은 관계를 유지하고 그들을 잘 활용하는 소대장과, 상관, 동료, 예하 분대장과 갈등 속에서 사사건건 마찰을 빚고 언성을 높이며 등을 돌리고 지내는 소대장이 있다면, 여러분들은 **어느 소대장이 훌륭하게 임무를 수행할 수 있을 것이라고 생각하는가?**

여러분 스스로 답변을 해보고 이 시대가 요구하는 동반적 소대장은 무엇을 어떻게 해야 할 것인지 생각해 봅시다!

제1장

환경변화와 리더십

과제 1 환경변화와 리더십 패러다임의 전환

과제 2 리더십과 영향력

과제 3 리더의 자질과 역량

전쟁의 승패는 군사의 수가 아니라 전장환경을 극복하려는 군인의 마음가짐에 달려 있다.

- 이순신 장군 -

❑ 학습 목표

환경변화와 리더십에 대한 올바른 인식

❑ 학습 중점

- ❍ 환경 변화와 리더십 패러다임의 전환
- ❍ 리더십과 영향력 이해
- ❍ 리더의 자질과 역량 인식

❑ 학습 진행 절차

구 분		시 간	방 법
계			
1. 환경변화와 리더십 패러다임의 전환	교육내용 소개 및 자기 개방		강의, 발표, 실습
	리더십 환경변화		
	리더십 패러다임 전환		
2. 리더십과 영향력	영향력이란?		강의, 발표/토의
	영향력의 종류와 구성원의 반응		
3. 리더의 자질과 역량	리더십 진단 및 계발 소요		강의, 발표/토의, 실습
	육군가치관		
	이순신 장군 리더십		

과제 1

환경변화와 리더십 패러다임의 전환

- 교육내용 소개 및 자기개방
- 리더십 환경변화
- 리더십 패러다임 전환

이번 과제를 통하여

- 자기 개방을 통한 교육 분위기 조성
- 리더십 환경변화를 인식
- 리더십 패러다임 전환의 당위성과 방향 인식

1. 팀장 선출 / 팀명 정하기

2. 내 전우 소개하기

질 문 목 록

- 당신이 하기 어려운 것은 무엇입니까?
- 당신에게 있어서 가장 중요한 것은 무엇입니까?
- 당신은 언제 가장 편하게 느낍니까?
- 지금 무슨 일을 가장 하고 싶습니까?
- 당신은 분노를 어떻게 처리하십니까?
- 혼자 있고 싶을 때 어디를 가십니까?
- 당신이 가장 살고 싶은 환경은 어떤 것입니까?
- 당신이 군인이 아니라면 어떤 직업을 갖고 싶습니까?
- 당신이 관습에 얽매이지 않고 자유롭게 할 수 있다면 무엇을 하고 싶습니까?
- 당신의 첫사랑에 대해 말씀해 주십시오.

M
E
M
O

3. 리더십 환경변화

지식 · 정보화 시대의 새로운 군대가 요구하는 군인상은 변화무쌍한 상황을 올바로 인식할 줄 알고 생각하며 창의력을 발휘하는 군인이다. 이를 위해 끊임없이 노력하고, 의문점이 있을 때는 명령권자에 대해서도 질문하는 그런 군인이다.

- 전쟁과 반전쟁(앨빈 토플러) -

❑ 전쟁양상 변화

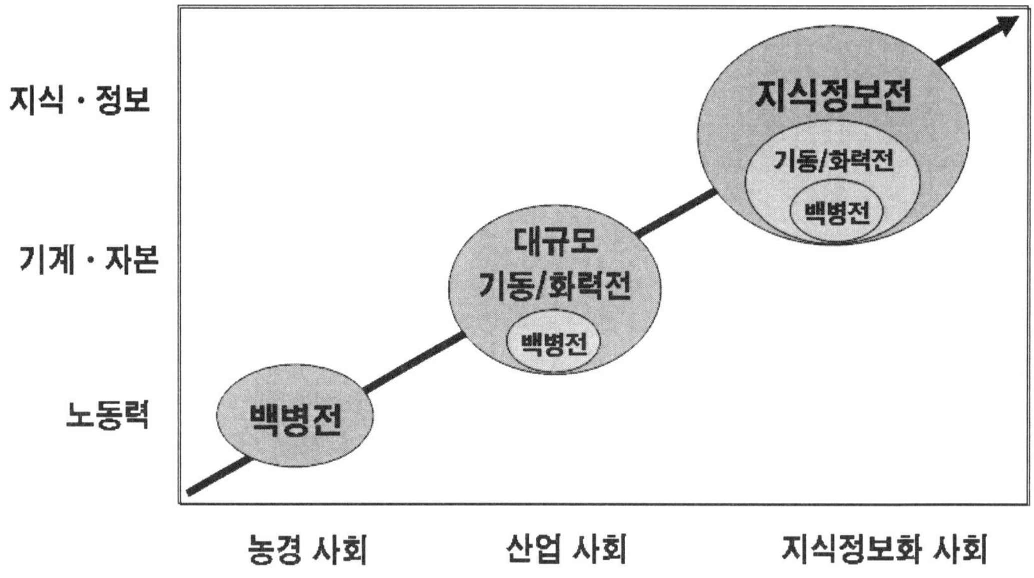

지휘관 한 사람이 전장의 모든 것 장악 불가

구성원 창의력, 잠재능력 계발이 중요

구성원의 능력 증진, 자발적 헌신, 열정이 승패 결정

끊임없이 밀려오는 새로운 변화를 수용하지 못하는 리더는 조직의 발전을 저해한다.

- 아이젠하워 -

【토의해 봅시다】

군 리더십 환경은 어떻게 변하고 있습니까?

- **상관, 동료, 부하의 관계 면**

- **구성원의 의식성향 면**

- **병영 환경 면**

- **기 타**

4. 리더십 패러다임의 전환

❑ 21세기 변화의 동인(動因)과 리더십 변화 방향

○ 21세기 변화의 동인은 지식과 정보로 이러한 지식과 정보는 인간의 지적·정신적 활동의 결과로 창출

○ 구성원의 지식·정보의 계발 및 활용이 전투력 발휘의 근원임을 인식하여 리더십 영역 확대와 인간중심의 리더십 구현

【영상물 시청】

동영상을 보고 리더의 역할은 무엇이라고 느꼈습니까?

❑ 리더십의 영역과 리더의 역할

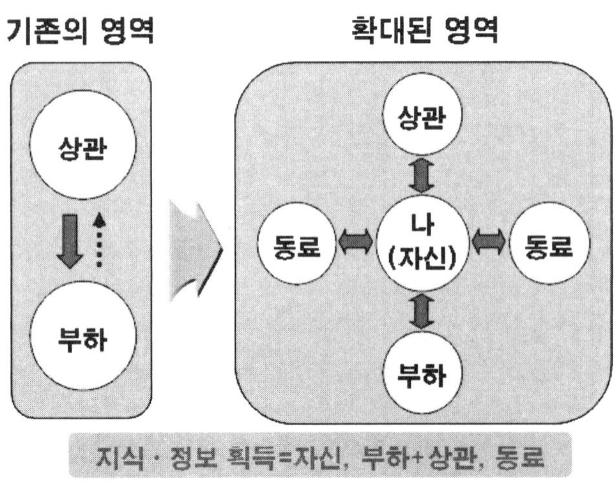

리더의 역할

- 목표 달성에 공동책임
- 방향 리더십 발휘
- 구성원들과 상호작용
- 시너지, Win-Win 효과 달성

❑ 리더십의 정의

리더가, (   )를 달성하기 위해 구성원들과 함께 (   )하면서 (   )을 미치는 과정

- 구성원 : 조직을 구성하고 있는 리더(나)를 포함한 상관, 부하, 동료
- 상호작용 : 구성원들이 조직의 목표를 달성하기 위하여 서로 영향을 주고받는 것
- 영향력 : 타인의 행동이나 태도, 가치관, 신념에 효과적인 변화를 일으킬 수 있는 행위나 능력

❑ 리더십과 지휘통솔

이번 과제를 통하여

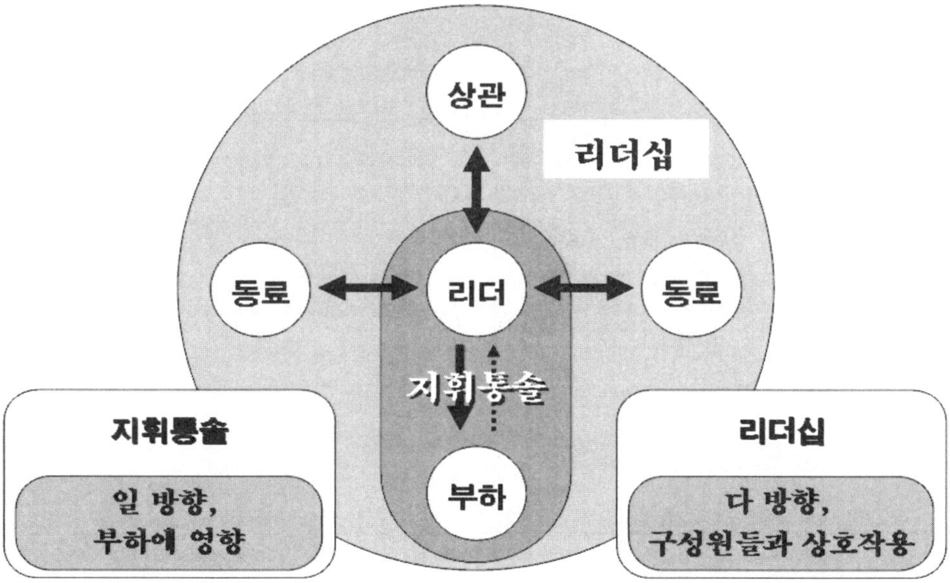

MEMO

과제 2

리더십과 영향력

■ 교육내용 소개 및 자기개방
■ 리더십 환경변화
■ 리더십 패러다임 전환

이번 과제를 통하여

- 영향력에 대한 이해
- 영향력의 종류에 따른 구성원의 반응 이해

1. 영향력이란?

【생각해 봅시다】

사람은 무엇 때문에 타인을 따르게 될까?

❑ 영향력이란

구성원의 (   ) 등에 효과적인 변화를 가져오는 힘과 행동

영향력 = (   )의 근원

2. 영향력의 종류와 구성원의 반응

❑ 영향력의 종류

구분	종류	예
직책 영향력	강제적 영향력	징계, 따끔한 훈시, ( )
	보상적 영향력	진급건의, 포상건의, ( )
	합법적 영향력	정당한 명령, ( )
개인 영향력	준거적 영향력	카리스마, 매력, ( )
	전문적 영향력	업무 지식, ( )

【영상물 시청】

【토의해 봅시다】

동영상에서 발휘된 영향력과 그에 따른 구성원들은 어떤 반응이 나타나겠습니까?

❑ 영향력과 구성원의 반응

영 향 력	주 반 응 : → 보조반응 : →		구성원의 반응
강제적 영향력		◯	리더의 영향력에 대하여 ( )
보상적 영향력		◯	타율적인 ( )
합법적 영향력		◯	리더와 같이 ( )하고 ( ) 하려는 상태
준거적 영향력		◯	리더의 계속적인 영향력 없이도( ) 행동
전문적 영향력			

MEMO

MEMO

과제 3

리더의 자질과 역량

■ 리더십 진단 / 계발
■ 육군 가치관
■ 이순신 장군 리더십

이번 과제를 통하여

- 자신의 리더십을 진단하고 계발소요 인식
- 가치관의 중요성 인식과 육군가치관 이해
- 이순신 장군 리더십 이해

1. 리더십 진단 / 계발

□ 리더십 자기진단

○ 진단의 목적

- 개인의 리더십 관련 지표 진단
- 동일 그룹의 평균치에 비해 자신의 상대적 수준파악
- 리더십 계발소요 도출 / 계발 계획 수립

○ 진 단 지

설 문 항 목	전혀 그렇지 않다	그렇지 않다	조금은 그렇지 않다	보통 이다	조금은 그렇다	그렇다	매우 그렇다	합계	평균
1. 나는 상관의 지시를 적극적으로 이행하려고 한다.	①	②	③	④	⑤	⑥	⑦		
2. 나는 국가 및 상관에 대한 충성심이 투철하다.	①	②	③	④	⑤	⑥	⑦		
3. 나는 위험한 상황에서도 용기있게 행동한다.	①	②	③	④	⑤	⑥	⑦		
4. 나는 불의와 타협하지 않는다.	①	②	③	④	⑤	⑥	⑦		
5. 나는 부여된 임무와 역할을 성실히 수행한다.	①	②	③	④	⑤	⑥	⑦		
6. 나는 업무의 결과에 대해 책임을 진다.	①	②	③	④	⑤	⑥	⑦		
7. 나는 부하를 인격적으로 대우한다.	①	②	③	④	⑤	⑥	⑦		
8. 나는 부하의 능력과 잠재력을 인정해준다.	①	②	③	④	⑤	⑥	⑦		
9. 나는 창의적인 사고력이 풍부하다.	①	②	③	④	⑤	⑥	⑦		
10. 나는 창의적으로 부대를 운영한다.	①	②	③	④	⑤	⑥	⑦		
11. 나는 공과 사를 구분 업무를 수행한다.	①	②	③	④	⑤	⑥	⑦		
12. 나는 모든 업무를 공정하게 수행한다.	①	②	③	④	⑤	⑥	⑦		
13. 나는 매사에 성실하다.	①	②	③	④	⑤	⑥	⑦		
14. 나는 주도적으로 업무를 수행한다.	①	②	③	④	⑤	⑥	⑦		
15. 나는 체력이 좋다.	①	②	③	④	⑤	⑥	⑦		
16. 나는 모든 일에 열정적이다.	①	②	③	④	⑤	⑥	⑦		
17. 나는 업무의 결과를 미리 예측하고 준비한다.	①	②	③	④	⑤	⑥	⑦		
18 .나는 종합적으로 상황을 판단한다.	①	②	③	④	⑤	⑥	⑦		
19. 나는 짜증이나 화를 잘 내지 않는다.	①	②	③	④	⑤	⑥	⑦		
20. 나는 감정에 치우치지 않고 이성적이다.	①	②	③	④	⑤	⑥	⑦		
21. 나는 자신감 있게 행동한다.	①	②	③	④	⑤	⑥	⑦		

설 문 항 목	전혀 그렇지 않다	그렇지 않다	조금은 그렇지 않다	보통 이다	조금은 그렇다	그렇다	매우 그렇다	합계	평균
22. 나는 위급한 상황에서도 침착하게 행동한다.	①	②	③	④	⑤	⑥	⑦		
23. 나는 위급한 상황에서도 적절하게 상황판단을 한다.	①	②	③	④	⑤	⑥	⑦		
24. 나는 군사지식이 풍부하다.	①	②	③	④	⑤	⑥	⑦		
25. 나는 편제장비의 조작 및 운용을 잘한다.	①	②	③	④	⑤	⑥	⑦		
26. 나는 효과적으로 교육을 할 줄 안다.	①	②	③	④	⑤	⑥	⑦		
27. 나는 나의 의사를 논리적으로 잘 표현한다.	①	②	③	④	⑤	⑥	⑦		
28. 나는 타인의 말을 잘 경청한다.	①	②	③	④	⑤	⑥	⑦		
29. 나는 시작한 일은 반드시 끝맺음을 한다.	①	②	③	④	⑤	⑥	⑦		
30. 나는 부하를 아끼고 사랑한다.	①	②	③	④	⑤	⑥	⑦		
31. 나는 진심으로 부하들에게 관심을 가져준다.	①	②	③	④	⑤	⑥	⑦		
32. 나는 부하들의 기본권을 보장해 주려고 노력한다.	①	②	③	④	⑤	⑥	⑦		
33. 나는 부하들에게 적절한 권한을 위임한다.	①	②	③	④	⑤	⑥	⑦		
34. 나는 합리적으로 의사를 결정한다.	①	②	③	④	⑤	⑥	⑦		
35. 나는 모든 일에 솔선수범한다.	①	②	③	④	⑤	⑥	⑦		
36. 나는 언행이 모범적이다.	①	②	③	④	⑤	⑥	⑦		
37. 나는 부하들에게 칭찬과 격려를 잘 해준다.	①	②	③	④	⑤	⑥	⑦		
38. 나는 결과에 대해 적절한 보상을 한다.	①	②	③	④	⑤	⑥	⑦		
39. 나는 부하의 잘못된 일에 대해 적절하게 조치한다.	①	②	③	④	⑤	⑥	⑦		
40. 나는 부대일이 잘못되었을 때 책임지려한다.	①	②	③	④	⑤	⑥	⑦		
41. 나는 부대원간 친목도모 기회를 자주 마련한다.	①	②	③	④	⑤	⑥	⑦		
42. 나는 부하들이 알아야 할 사항들을 적절하게 알려준다.	①	②	③	④	⑤	⑥	⑦		
43. 나는 구체적인 계획을 수립하여 업무를 수행한다.	①	②	③	④	⑤	⑥	⑦		
44. 나는 부하들에게 명확하게 임무를 부여한다.	①	②	③	④	⑤	⑥	⑦		
45. 나는 지시사항의 이행여부를 철저히 확인한다.	①	②	③	④	⑤	⑥	⑦		
46. 나는 문제발생시 적절하게 잘 해결한다.	①	②	③	④	⑤	⑥	⑦		
47. 나는 부하들의 잠재능력 계발에 적극적이다.	①	②	③	④	⑤	⑥	⑦		
48. 나는 자기계발을 위해 노력한다.	①	②	③	④	⑤	⑥	⑦		

○ 진단결과 종합

● 특성 / 품성

번호	1, 2	3, 4	5, 6	7, 8	9, 10	11	12	13	14	15
득점										
평균										
지표	충성	용기	책임	존중	창의	정직	공정성	성실성	주도성	체력

● 지식 / 기술

번호	16	17, 18	19, 20	21	22, 23	24, 25, 26	27, 28	29
득점								
평균								
지표	열정	통찰력	자기통제	자신감	위기관리	실무능력	의사소통	업무추진력

● 실천 / 행동

번호	30, 31, 32	33	34	35, 36	37, 38, 39	40	41	42
득점								
평균								
지표	부하배려	권한위임	의사결정	솔선수범	상과벌	대표자역할	인화단결	정보제공

번호	43	44	45	46	47	48
득점						
평균						
지표	계획/조직	역할/과업 명확화	확인감독 및 평가	문제해결	부하계발	자기계발

○ 진단결과 평가

● 특성 / 품성

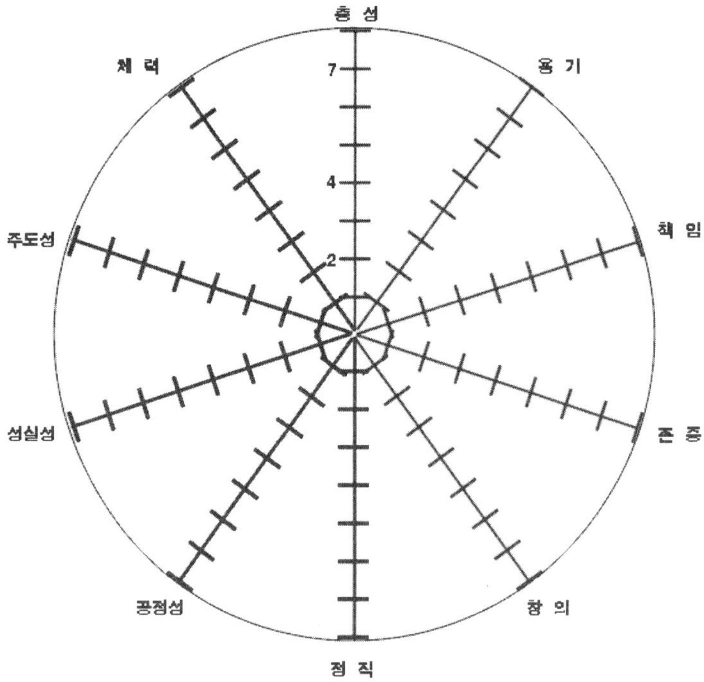

● 지식 / 기술

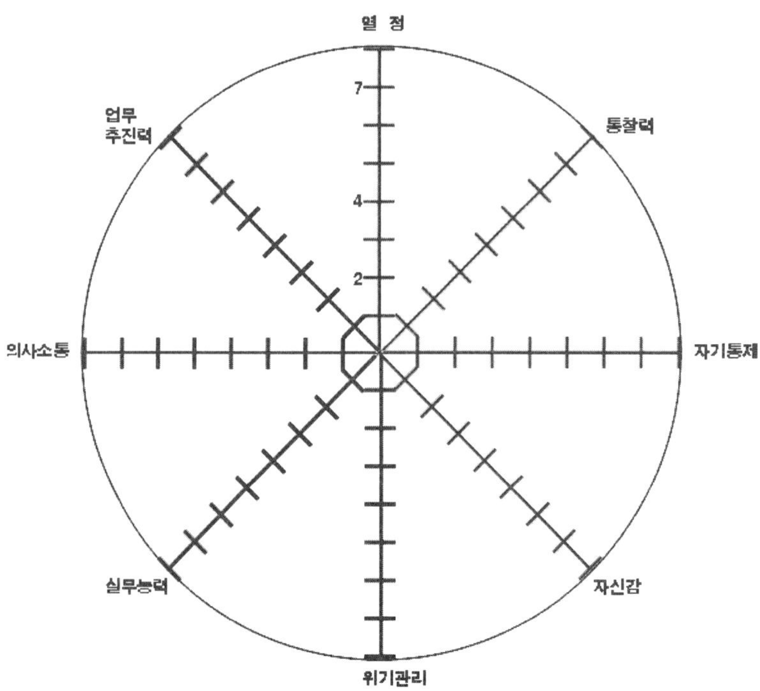

● 실천 / 행동

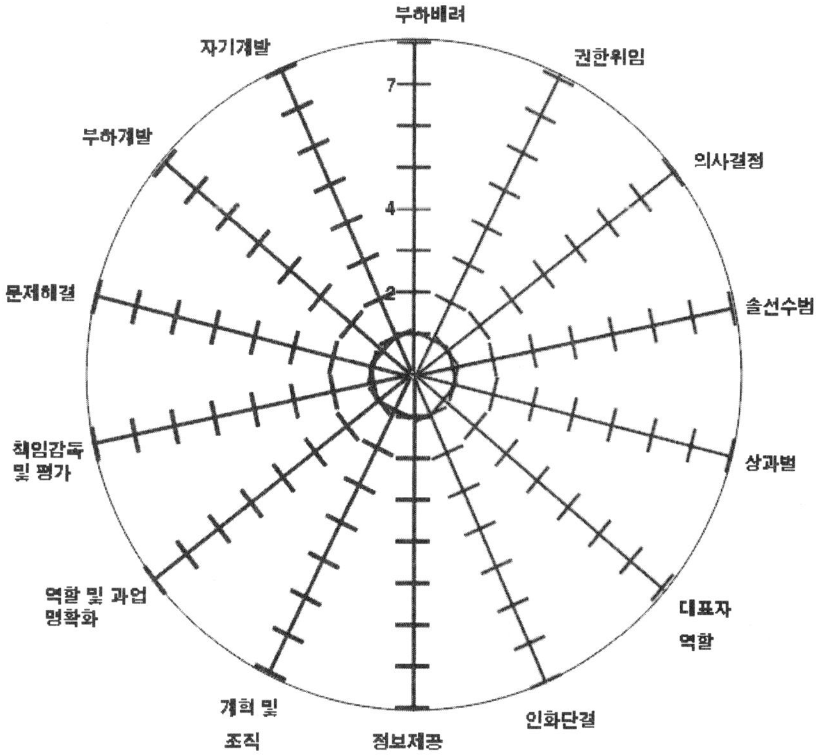

국방부 공무원 행동강령의 이해와 실천

○ **『국방부 공무원 행동강령』**이란?

국방부 공무원들이 직무수행 과정에서 반드시 알아야 할 바람직한 행동의 방향과 원칙을 제시한 구체적인 행동지침임

○ 부패 유혹으로부터 자신을 지킬 수 있는 방법은 ?

- 공정한 직무수행
- 알선 · 청탁행위 금지
- 부당이득 및 금품수수 금지
- 건전한 공직풍토 조성

○ 공무원 행동강령 위반한 자는? 징계대상임

【생각해 봅시다】

자기진단을 통해 나의 장점은 무엇이고, 부족한 부분은 무엇입니까?

구 분	우수한 요소(장 점)	계발시켜야 할 요소(부족한 점)
특성 / 품성		
지식 / 기술		
실천/ 행동		

❑ 리더십 계발 3요소

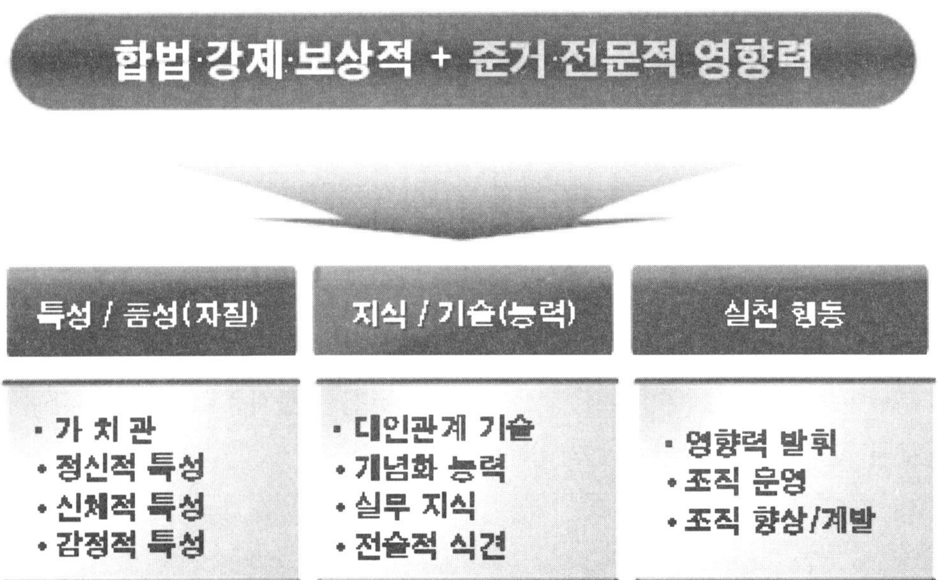

2. 육군 가치관

【생각해 봅시다】

당신이 생각하는 최고의 가치는 무엇입니까?

❑ 가치와 가치관

- **가치란?**
  사람, 사물, 아이디어에 대해 부여하는 중요함 또는 우선순위
- **가치관이란?**
  가치를 기준으로 사물을 평가하고 바라보는 관점(개인적 확신)

❑ 가치의 기능

- 개인 및 조직의 본질적이면서 지속적인 신조
- 시간이 흐르거나, 나에게 불리하더라도 지켜야 할 판단의 기준
- 뚜렷한 지침이 없더라도 자율적으로 판단할 수 있게 함.
- 구성원들이 동일한 시각을 갖게 함

【영상물 시청】

❑ 육군 가치관

육군 전 장병의 사고와 행동의 지표

- **무엇을 기준으로 판단하고 행동할 것인가?**
  - ㅇ 무엇을 위해 군 복무를 하고,
  - ㅇ 어떤 사람(군인)이 되어야 하며,
  - ㅇ 어떤 행동을 하여야 하는가 ?
- **군 조직의 목표 달성과, 개인의 성장 발전을 촉진할 수 있는가?**

※ 육군 5대 가치관

충성(忠誠)	국가와 국민, 상관에 대하여 참 마음에서 우러나오는희생과 봉사정신으로 정성을 다하는 것.
용기(勇氣)	스스로 자제력과 분별력을 가지고 정의감에 따라 자신의 신념대로 행동하는 힘.
책임(責任)	맡은바 역할과 임무를 완수하겠다는 마음가짐 및 행위이며 그 결과에 대한 도덕적, 법률적 불이익을 감수하는 것.
존중(尊重)	모든 사람의 인간적 존엄성과 그 존재가치를 인정해 주는 것.
창의(創意)	고정관념에서 탈피하여 새로운 생각이나 착상으로 문제점을 찾아 해결하려고 하는 사고력.

❑ 육군 가치관 실천방안

충성(忠誠)	
용기(勇氣)	
책임(責任)	
존중(尊重)	
창의(創意)	

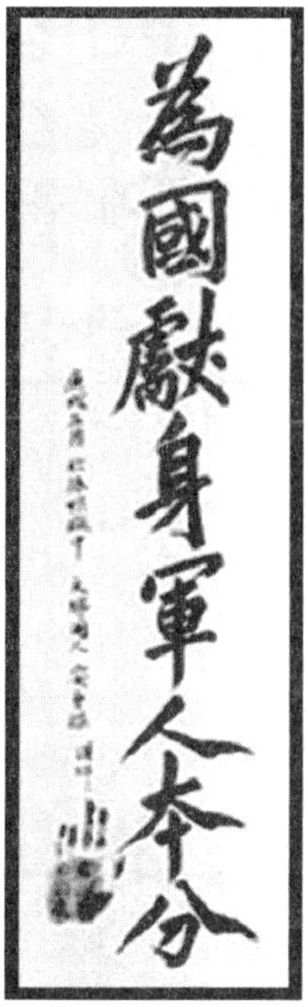

내가 죽은 뒤에
나의 뼈를 하얼빈 공원 곁에 묻어두었다가,
우리 국권이 회복되거든 고국으로 반장(返葬)해 다오.
나는 천국에 가서도 마땅히
우리나라의 회복을 위해 힘쓸 것이다.
너희들은 돌아가서 동포들에게
각각 모두 나라의 책임을 지고 국민 된 의무를 다하며,
마음을 같이 하고, 힘을 합하여 공로를 세우고, 업을 이루도록 일러다오.
대한 독립의 소리가 천국에 들려오면 나는 마땅히 춤을 추며
만세를 부를 것이다.

1910년 3월 25일(안중근, 32세)

3. 이순신 장군 리더십

【생각해 봅시다】

이순신 장군으로부터 본받아야 할 점은?

【토의해 봅시다】

육군가치관 측면에서 이순신 장군으로부터 배워야 할 리더십은?

【영상물 시청】

이순신 장군의 명량해전 출전 연설문

조선수군은 패배할 것이다.
우리 모두는 전멸할 것이며, 그러므로 이곳 명량의 바다는
조선 수군의 무덤이 될 것이다. 적이 그렇게 믿고 있다.
또한 대부분의 아군들도
우리 조선수군의 패배를 기정사실로 받아들이고 있다.
나는 지난 6년간 수많은 전장에 부하들을 세워 왔고, 단 한번도 진 바 없다.
그것은 승리를 확신하지 못하는 전장으로
부하들을 이끈 바 없기 때문이다.
허나 이번에는 나 역시 아무것도 자신할 수 없다.
수십 배에 달하는 적과 싸우기에는 우리가 가진 병력이 너무도 일천하며,
또한 우리 조선수군이 싸워야 할 울돌목의 저 험준한 역류는
왜적보다 더욱 무서운 적이 되어 우리 앞을 가로막을 것이다.
그럼에도 이 모든 악조건을 모두 안고서라도
나는 그대들과 더불어 전장으로 나갈 것을 희망한다.
승리에 대한 확신은 없다.
단 한명의 전상자도 없이 전장을 벗어나리라 장담할 수도 없다.
오직 내가 할 수 있는 유일한 약조는
내가 조선수군의 최전선을 지키는 전위군이 되겠다는 것 그것뿐이다.
대장선이 가장 먼저 적진으로 진격할 것이며, 적을 섬멸하지 않는 한
결코 이 바다를 벗어나지 않을 것이다.

살고자 하면 죽을 것이요, 죽고자 하면 살 것이니(必生則死 必死則生)
목숨과 바꿔서라도 이 조국을 지키고 싶은 자 나를 따르라!

MEMO

제2장

인간중심 리더십 계발

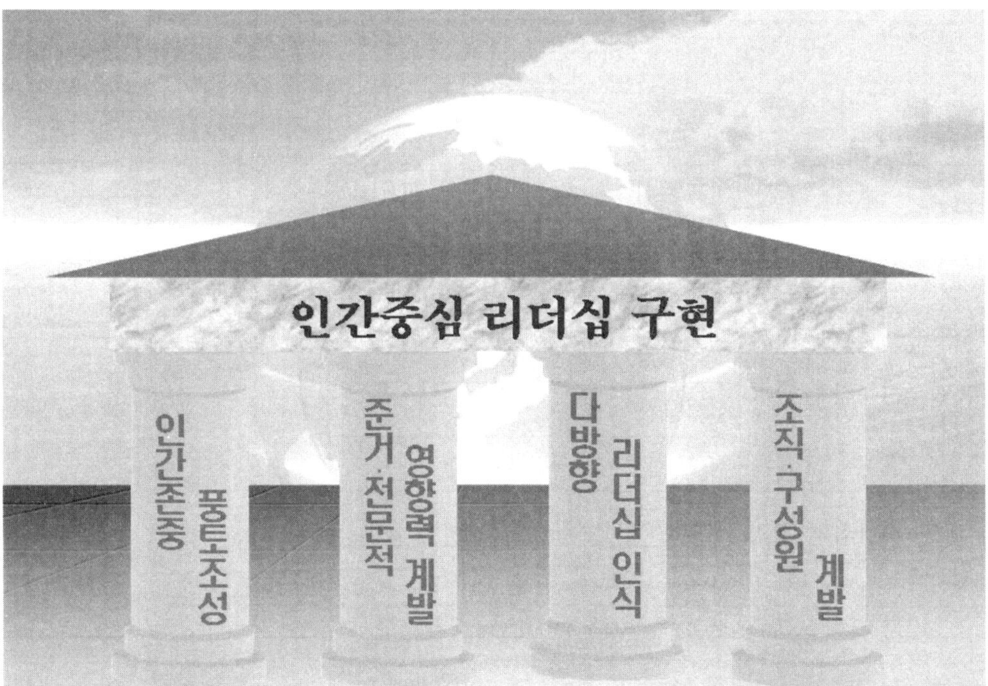

❑ 학습 목표

인간 중심의 리더십 이해 및 발휘능력 배양

❑ 학습 중점

- ❍ 인간중심의 리더십 의미와 중요성 인식
- ❍ 인간존중의 리더십 발휘능력 배양
- ❍ 상담을 통한 부하 문제 식별 및 지도 능력 구비

❑ 학습 진행 절차

구 분		시 간	방 법
계			
4. 인간존중의 풍토 조성	인간중심 리더십의 의미와 필요성		강의, 발표/토의, 실습
	실천지침		
	체험학습(모두 다른 사랑법)		
5. 준거적 · 전문적 영향력의 계발	인격고양 / 솔선수범		강의, 발표/토의
	실사구시		
	직무 전문성 구비		
6. 다 방향 리더십 인식과 발휘	상관 · 동료 · 부하로서의 리더		강의, 발표/토의, 실습
	상호 신뢰관계 조성		
7. 조직과 구성원의 계발	조직/구성원 계발의 필요성		
	동기부여를 통한 구성원의 잠재능력 계발		
	체험학습(블록 어셈블리)		
	체험학습(야외)		
8. 상담기법	상담이론, 기술, 상담사례연구		

과제 4

인간존중의 풍토 조성

■ 인간중심 리더십의 의미와 필요성
■ 실천지침
■ 체험학습(모두 다른 사랑법)

이번 과제를 통하여

- 인간중심 리더십의 의미와 필요성 인식
- 실천지침 이해
- 체험학습을 통한 인간존중의 풍토 이해

1. 인간중심 리더십의 의미와 필요성

【생각해 봅시다】

인간중심 리더십이란 어떤 의미일까요?

❑ 인간중심 리더십의 목표

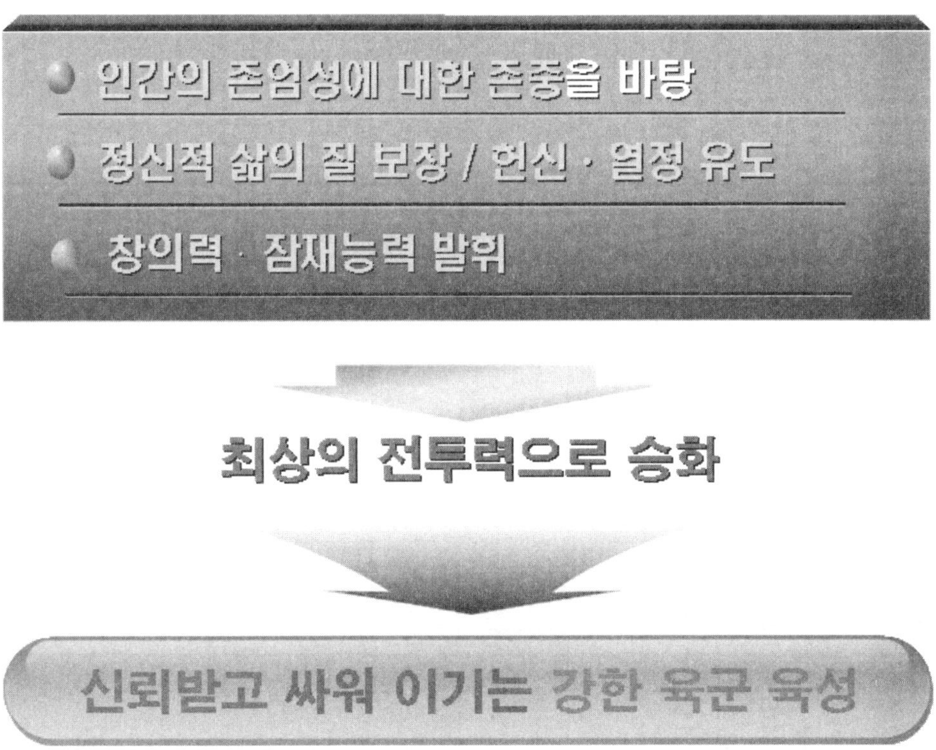

2. 인간존중의 풍토 조성 실천지침

【생각해 봅시다】

병영생활에서 추방해야 할 바람직하지 못한 사례는?

【영상물 시청】

【칭찬과 질책 요령】

○ 칭찬하는 방법

- 언 제? : 임무를 훌륭히 수행한 "그 즉시"
- 어디서? : "사람이 많은 곳에서"
- 어떻게? : "진심으로 화끈하게"

○ 효과적인 질책 방법

- 먼저 질책하고, 나중에 칭찬하라
- 자신의 목격을 토대로 질책하라 : 남의 이야기에 귀 기울일 필요 없다
- 가벼운 신체접촉과 같이 하는 것이 좋다 : 어깨 다독거림, 악수 등

실습) 칭찬과 질책 경험하기 실습을 하고, 칭찬과 질책을 받을 때의 느낌을 발표하여 공유합시다.

칭찬 받을 때 느낌	질책 받을 때 느낌

❑ 인간존중의 풍토조성 실천지침

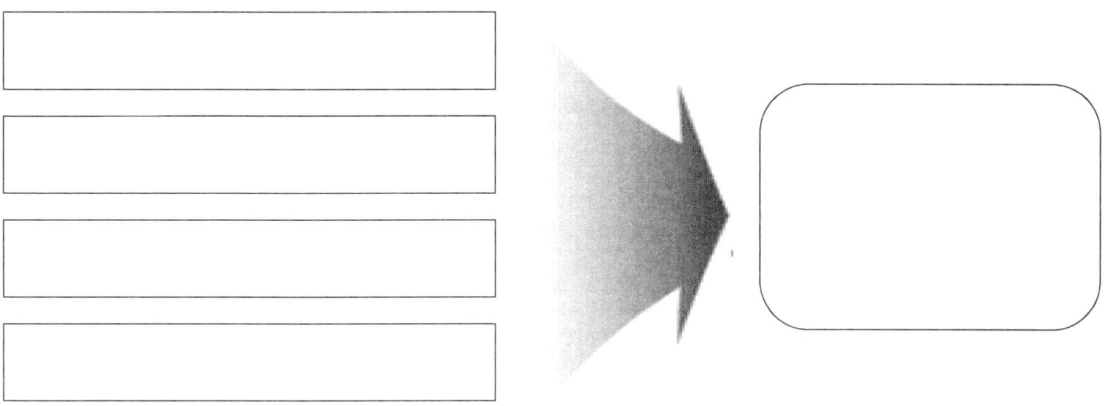

❑ 실천계획 작성

인간존중 풍토조성을 위해 소대장으로서 실천해야할 구체적인 행동은?

구 분	실 천 내 용
존중과 배려	
인정과 칭찬	
역지사지	

3. 체험학습(모두 다른 사랑법)

대인 교류 인성검사

※ 다음 항목의 질문에 대하여 아래 표의 해당 점수를 □안에 기입하시오. 단, 질문에 응답할 때에는 당신의 희망사항이나 사회적 요구에 부응하려는 의도를 버리고 당신의 습관적인, 편안한 모습, 즉 솔직한 자기의 모습에 따라 해당 점수를 기입해 주십시오.

5	언제나 그렇다	4	자주 그렇다	3	그저 그렇다	2	좀처럼 그렇지 않다	1	거의 그렇지 않다

1. 나는 사려가 깊은 사람이다.	■	■	■	□
2. 나는 창조적이고 아이디어가 많다.	■	■	□	■
3. 나는 독립적인 사람이다.	□	■	■	■
4. 나는 탐구적이다.	■	□	■	■
5. 나는 목표 지향적이다.	□	■	■	■
6. 나는 변화를 즐기며 개방적이다.	■	■	□	■
7. 나는 동정적이다.	■	■	■	□
8. 나는 확고한 행동주의자이다.	□	■	■	■
9. 나는 일 처리나 관계에서 신중하다.	■	□	■	■
10. 나는 적응을 잘한다.	■	■	■	□
11. 나는 말을 많이 한다.	■	■	□	■
12. 나는 충성스럽다.	■	■	■	□
13. 나는 약속을 칼같이 지킨다.	■	□	■	■
14. 나는 도전을 즐긴다.	□	■	■	■
15. 나는 계획성이 있다.	■	□	■	■
16. 나는 누구나 쉽게 어울린다.	■	■	□	■
17. 나는 안정적인 사람이다.	■	■	■	□
18. 나는 어떤 일이든 책임을 진다.	□	■	■	■
19. 나는 정리정돈을 잘한다.	■	□	■	■
20. 나는 모험을 두려워하지 않는다.	■	■	□	■
21. 나는 사실적이고 구체적이다.	■	□	■	■
22. 나는 오락과 사교를 즐긴다.	■	■	□	■
23. 나는 타인을 보호하고 지도해 준다.	■	■	■	□
24. 나는 비전이 있다고 확신한다.	■	■	□	■
25. 나는 세심하다.	■	□	■	■
26. 나는 결단력이 있다.	□	■	■	■
27. 나는 자신과 타인들에게 활력을 넣어준다.	■	■	□	■

28. 나는 관용적이다.	■	■	■	□
29. 나는 목표가 확실하고 분명하다.	□	■	■	■
30. 나는 지도자의 자질이 있다.	□	■	■	■
31. 나는 인내심이 강하다.	■	■	■	□
32. 나는 경쟁적이다.	□	■	■	■
33. 나는 보수성향의 행동주의자다.	□	■	■	■
34. 나는 꼼꼼하다.	■	□	■	■
35. 나는 세세한 것을 무시한다.	■	■	□	■
36. 나는 갈등을 피한다.	■	■	■	□
37. 나는 분석적이다.	■	□	■	■
38. 나는 사람들과 깊은 관계를 맺는다.	■	■	■	□
39. 나는 실질적이다.	■	□	■	■
40. 나는 대담하다.	□	■	■	■
41. 나는 낯선 사람이 두렵지 않다.	■	■	□	■
42. 나는 일관성이 있다.	■	□	■	■
43. 나는 강요하지 않는다.	■	■	■	□
44. 나는 기업가적 소질이 있다.	□	■	■	■
45. 나는 합리적이며 논리적이다.	■	□	■	■
46. 나는 일상적인 일을 즐긴다.	■	■	■	□
47. 나는 동기부여를 잘한다.	■	■	□	■
48. 나는 다른 사람의 말에 귀를 기울인다.	■	■	■	□
49. 나는 주장이 확실하다.	□	■	■	■
50. 나는 규율과 규칙을 준수한다.	■	□	■	■
51. 나는 헌신과 충성을 다한다.	■	■	■	□
52. 나는 판단력이 있다.	■	□	■	■
53. 나는 다양성을 좋아한다.	■	■	□	■
54. 나는 일을 진행할 때 최종 결단을 한다.	□	■	■	■
55. 나는 그룹(집단) 지향적이다.	■	■	□	■
56. 나는 미루지 않고 당장 해치운다.	□	■	■	■
57. 나는 이런 일을 과거에는 어떻게 했는가? 생각한다.	■	□	■	■
58. 나는 세상일을 낙관적으로 생각한다.	■	■	□	■
59. 나는 그 상태 그대로 놓아두는 것을 좋아한다.	■	■	■	□
60. 나는 어떤 일이 발생했을 때 나를 믿으며 '그 일은 잘 될 것이다.' 하고 생각한다.	■	■	□	■
합 계				
나의 유형은? (형)	사자	비버	수달	황금

사 례

마음을 움직이는 리더

어느 부대에 낙도 출신의 김이병이 전입해 왔다.
고향이 너무 먼 데다 농사 일 때문에 부모는 그에게 면회를 올 수가 없었다.
주말마다 그는 혼자 내무반을 지켜야 했다.
그러던 어느 토요일 오후, 누군가 그를 면회 왔다.
그는 궁금한 마음으로, 그래도 기대를 하는 마음으로 면회실로 달려갔다.

아, 거기엔 자기의 윗사람인 김중사가 사복 차림으로 기다리고 있는 게 아닌가?
면회 오는 이가 없는 그를 위해, 김중사가 퇴근 후 옷을 갈아입고 면회를 와준 것이다.
그날 김중사는 김이병의 형이 되어 저녁도 사주고 영화 구경도 시켜주었다.
김이병의 마음을 읽어준 김중사의 배려가 바로 리더십이다.

리더십은 상대방의 필요를 채워주는 데에서 출발한다.
이것을 할 수 있는 사람은 만인을 이끌 수 있지만,
이것을 못하는 사람은 단 한 사람도 이끌어 나갈 수 없다.

효과적인 칭찬방법 10가지

1. 막연하게 하지 말고 구체적으로 칭찬하라.

"김소위는 업무를 참 잘 하는구만" 보다는 "김소위가 추진하는 업무는 참 창의성이 있고 확인 점검도 철두철미하게 하는구만" 등 칭찬할 일이 있을 때는 구체적으로 칭찬하는 것이 효과적이다.

2. 공개적으로 하거나 제 3사에게 전달하는 방법으로 칭찬하라.

면전에서의 칭찬은 입에 발린 말일 수도 있지만 건네 듣는 칭찬은 그럴 가능성이 없으며 듣는 사람은 두 명으로부터 칭찬을 받는 셈이 되기 때문에 면전의 칭찬보다 몇 배의 효과를 발휘할 수 있다.

3. 다른 사람과 차별화된 방법으로 칭찬하라.

사람들은 소유물에 대한 칭찬보다 태도나 재능에 대한 칭찬을 더 좋아한다. 예를 들어 "넥타이 참 멋지네요" 보다는 "감각이 참 탁월하시군요"라는 표현이 훨씬 세련된 칭찬이다.

4. 결과는 물론 과정을 칭찬하라.

성과에만 초점을 맞추지 않고 노력하는 과정에 초점을 맞춰 칭찬하면 그 사람은 더욱 분발하게 된다.

5. 기대하고 있지 않은 예상외의 상황에서 칭찬하라.

무엇인가 잘못한 상황에서 꾸중을 예상하고 있을 때 문제를 지적한 다음에 칭찬으로 마무리 지으면 그 효과는 꾸중으로 일관했을 때보다 훨씬 효과가 크다.

6. 말, 편지, 이메일, 문자메세지 등 다양한 방법으로 칭찬하라.

칭찬 상대나 상황에 따라 칭찬을 하는 레퍼토리가 다양하면 그만큼 멋진 사람으로 각인되며 그 효과도 증대된다.

7. 사람을 긍정적으로 바라보고 본인도 모르는 장점을 찾아 진정한 마음으로 칭찬하라.

누구든지 장 · 단점을 보유하고 있다. 칭찬거리를 찾아 자신의 느낌을 진솔하게 전달하면 상대방도 그 느낌 그대로를 받아들이며 효과도 증대된다.

8. 칭찬은 반복하지 말고 진지하고 간결하게 칭찬하라.

똑같은 칭찬이 반복되면 왠지 미심쩍은 생각이 들게 되며 진지하고 간결하게 칭찬하는 것이 더 깊은 인상을 주며 기억에도 오래 남는다.

9. 칭찬 끝에 토를 달지 말라.

칭찬 후에 꾸중을 하거나 비난을 한다면 나무위에 올려놓고 흔드는 것과 같고 주었던 물건을 다시 빼앗는 것과 같다.

10. 꾸중을 먼저하고 칭찬은 나중에 하라.

부정적인 점을 지적하고 칭찬으로 마무리를 짓는 것은 상처에 치료제를 발라주는 것과 같다. 언제나 시작 보다는 끝이 중요하다.

효과적인 질책방법

1. 잘못된 행위만을 질책하라 : 인격적인 면이 포함되어서는 안된다.
   ※ 죄는 미워하되 사람은 미워하지 말라!
   - 스펜서 존슨 : 질책은 1분 안에 끝내라.
     30초 (구체적 꾸짖고), 10초 침묵(긴장감 조성), 20초 (사랑표시)
   ※ 왜 질책하는지 이유를 명확히 밝혀 신뢰감을 심어 주라!

2. 먼저 질책하고, 나중에 칭찬하라!

3. 자신의 목격을 토대로 질책하라!

4. 가벼운 신체접촉과 같이 하는 것이 좋다.

5. 우회적인 표현과 평범한 대화를 통해 스스로 깨닫도록 유도

6. 한꺼번에 너무 많은 질책 금지 : 반발심이 생김

7. 공개적이고 본보기성 금지 : 수치심 유발

8. 다른 사람과 비교하여 질책 금지 : 자존심 자극

인간은 육체적 고통보다 정신적 고통이 크다.

M
E
M
O

MEMO

과제 5

준거적 · 전문적 영향력의 계발

- 실천지침
- 인격고양 / 솔선수범
- 실사구시(實事求是)
- 직무 전문성 구비

이번 과제를 통하여

- 인격고양 / 솔선수범의 중요성 인식
- 실사구시(實事求是)의 효과 인식
- 직무 전문성 구비 필요성

1. 실천지침

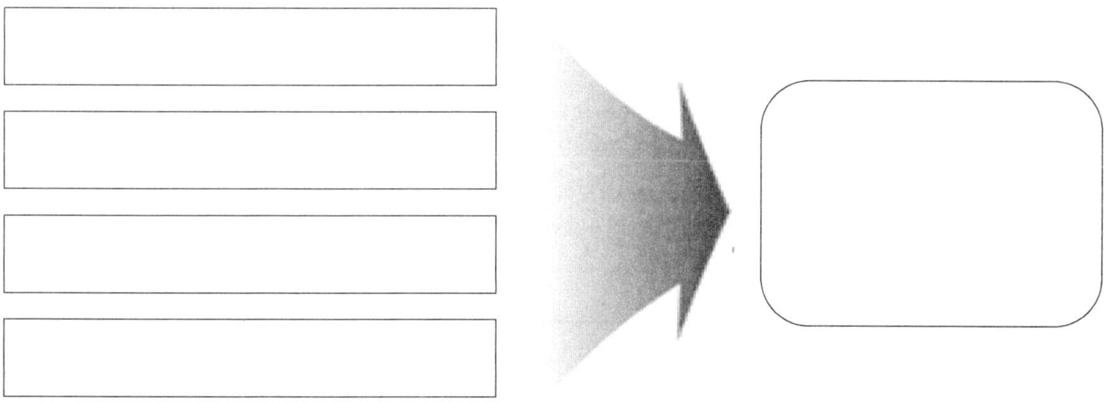

【생각해 봅시다】

내가 존경하는 사람을 생각해 보며, 그 사람의 무엇 때문에 존경하고 있는지 생각해 봅시다.

2. 인격고양과 솔선수범

【영상물 시청】

【토의해 봅시다】

나의 인격을 고양하고 솔선수범을 실천하기 위해서는 무엇을, 언제, 어떻게 해야 하는지 이야기해 봅시다.

○ 무엇을?

○ 언제?

○ 어떻게?

부하를 단속하려면 먼저 자기 행실을 올바르게 가져야 한다.
자신이 올바르게 행동하면 엄명을 내리지 않아도 지시대로 들을 것이요,
자신이 부정한 행동을 하면 아무리 엄명을 내려도 듣지 않을 것이다'

- 다산 정약용 (목민심서) -

3. 실사구시(實事求是)

- 사실에 근거하여 진실을 찾는 일
- 형식적이고 행정위주의 비합리적인 직무수행에서 벗어나 실질적인 업무를 합리적으로 수행히는 것.

【생각해 봅시다】

우리 주변에서 버려야 할 비합리적인 관행은? (전투준비, 교육훈련, 부대관리 면)

【토의해 봅시다】

우리 주변에서 비합리적인 관행이 발생하는 이유는 무엇인가?

4. 직무 전문성 구비

【영상물 시청】

【생각해 봅시다】

영상물에서와 같은 시행착오를 겪지 않으려면 어떻게 해야 할까?

❑ 리더의 3대 역할

전투준비,	교육훈련,	부대관리

【토의해 봅시다】

리더의 3대 역할을 효과적으로 수행하기 위해 소대장으로서 착안해야 할 사항은?

- 전투준비

- 교육훈련

- 부대관리

사 례

어느 소대장의 임무 지시

00부대 00연대 0중대 0소대장은 중대장으로부터 "0개월 후에 있을 중대 전술훈련 평가에서 최우수 중대가 되도록 최선을 다하자"는 말을 들었다. 그 또한 소대원들에게 최우수 중대가 되는데 소대가 일조를 담당하자는 목표를 제시하고 만약 그 목표를 달성하는데 손해를 끼치는 소대원이 있다면 그의 모든 기본권을 제한하겠다는 엄포를 놓았다.

소대장은 그렇게까지 얘기를 해 놓았으니 아마 열심히 준비하지 않는 소대원은 없을 것이라는 믿음 아래 구체적인 실행방법이나 기준의 제시 없이 모든 것이 잘 되어가고 있을 것이라고 믿고, 또 중대장에게도 이상 없이 잘 되어가고 있다고 중간보고를 하였다.

그런 상태에서 시간은 흘러 전술훈련평가를 받게 되었고 중대는 최하위의 평가를 받으며 전술훈련이 진행되었다. 소대장은 그때서야 사태의 심각성을 깨닫고 소대원들을 질책하며 다그쳤고 이에 부담을 느낀 선임병사들은 후임 병들에게 욕설과 구타를 하는 상황이 되었다.

결국 전술훈련 평가는 종료되고 결과는 예상대로 연대 최하위 점수를 받았다. 설상가상으로 훈련 중 구타행위가 알려져 소대장과 선임병사 몇 명이 구속되는 사태까지 겹치게 되어 중대는 걷잡을 수 없는 혼란에 빠지고 말았다.

소대원과 동고동락 하지 않고 솔선수범 없이 지시만 내리는 소대장의 명령은 한낱 구호에 지나지 않게 되고 지시한 임무의 진행정도를 파악하고 분석하여 미흡분야를 보완하는 확인정신이 없이는 아무것도 이룰 수 없다는 것을 보여 준 대표적인 사례다.

장차 소대장으로 부임하게 될 여러분은 만약 이러한 상황에 처하게 된다면 어떻게 하겠습니까?

MEMO

과제 6

다방향 리더십 인식과 발휘

■ 상관 · 동료 · 부하로서의 리더
■ 상호 신뢰관계 조성

이번 과제를 통하여

• 다방향 리더십의 인식과 발휘 방법 이해
• 상호 신뢰관계 조성의 중요성 이해

1. 상관 · 동료 · 부하로서의 리더

【생각해 봅시다】

다방향 리더십이란 어떤 의미일까요?

【영상물 시청】

【실 습】 일방적, 쌍방적 의사소통 게임을 통하여 효과적인 의사소통에 대하여 알아봅시다.

일방적 의사소통	쌍방적 의사소통

● 효과적인 의사소통은?

【토의해 봅시다】

리더인 나에게 상관 · 부하 · 동료가 기대하는 모습은?

❑ 다방향 리더십 실천지침

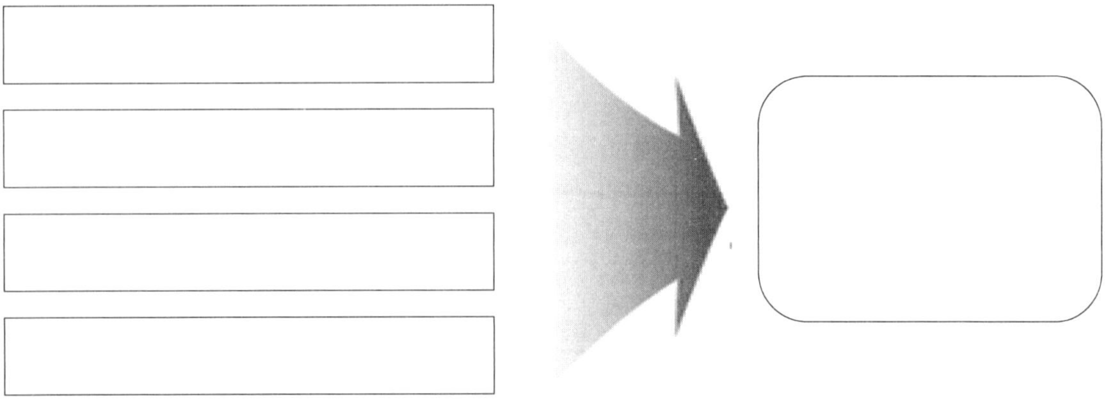

메 모

2. 상호 신뢰관계 조성

□ 신뢰란?

- 믿고 의지함
- 상대방의 행동이 나의 기대와 일치하는 정도

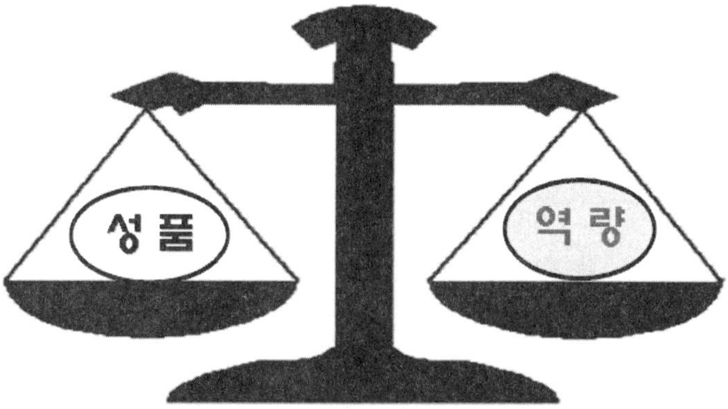

성품과 역량을 동시에 가꾸어야 함

【생각해 봅시다】

자신의 주변 인물 중 자신이 가장 신뢰하는 사람과 신뢰할 수 없는 사람을 생각한 후 그 이유를 적어 봅시다.

【토의해 봅시다】

구성원들로부터 신뢰를 받으려면 어떻게 해야 하는가?

- 상 관

- 동 료

- 부 하

MEMO

MEMO

과제 7

조직과 구성원의 계발

- 조직과 구성원 계발의 필요성
- 자기혁신
- 체험학습(블록 어셈블리)
- 체험학습(실 · 내외)

이번 과제를 통하여

- 조직과 구성원 계발의 필요성 인식
- 사고의 전환과 행동으로 자기혁신
- 체험을 통한 팀워크의 중요성 체득

1. 조직과 구성원 계발의 필요성

【생각해 봅시다】

조직과 구성원의 계발이 필요한 이유는?

❑ 조직과 구성원 계발 실천지침

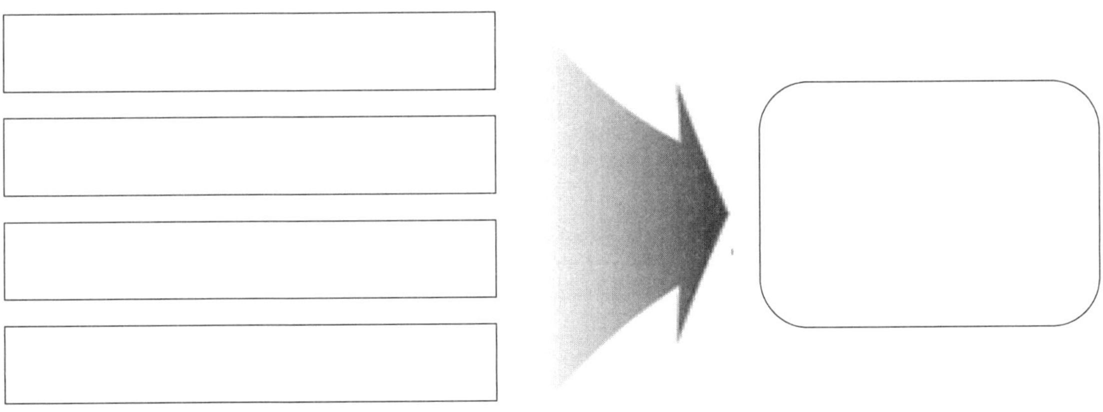

2. 자기혁신

【영상물 시청】

솔개의 혁신

가장 장수하는 조류로 알려져 있는 **솔개**의 수명은 보통 40년이지만, 일부 솔개는 최고 70년까지 산다고 한다. 그러나 70년까지 장수하기 위해선 매우 고통스럽고 중요한 결심을 해야만 한다. **솔개**가 태어나 약 40년이 되면 발톱이 노화해 사냥감을 잡아챌 수 없게 된다. 부리도 길게 자라고 구부러져 가슴에 닿게 되고, 깃털이 짙고 두껍게 자라는 바람에 날개가 무거워져 하늘로 날아오르기도 힘들게 된다.

대부분 **솔개**는 그대로 죽을 날을 기다리지만 일부 **솔개**는 약 반년에 걸친 힘든 갱생 과정을 택해 70년까지 산다는 것이다. 이렇게 혁신의 길을 선택한 솔개는 산 정상으로 날아올라 둥지를 짓고 수행을 시작한다. 먼저 부리로 바위를 쪼아 새 부리가 돋아나게 한다. 그런 뒤 날카로워진 새 부리로 발톱을 하나하나 뽑아낸다. 새로 발톱이 돋아나면 이번에는 날개의 깃털을 뜯어낸다. 이렇게 반년이 지나 새 깃털이 돋아난 **솔개**는 새 모습으로 다시 태어나 30년의 수명을 더 누리게 되는 것이다.

【생각해 봅시다】

자기혁신 마인드가 갖춰진 사람은 어떤 특징을 가지고 있을까?

□ 사고의 전환

○ 자기기대(Self - Expectation)

● 자기기대란?

- **자기기대**란 자기 자신에 대한 믿음이다.
- **긍정적 기대**는 실제로 그렇게 될 수 있는 가능성을 증가시킨다.
- 믿음의 힘 : Pygmalion Effect

● 피그말리온 효과(긍정적 자기기대)

그리스 신화에 조각을 잘하는 '**피그말리온**'이라는 키프로스 왕의 이야기가 있다. 피그말리온 왕은 어느 날 상아에 여성상을 조각했다. 이 여성상이 너무나 멋지게 조각됐기 때문에 피그말리온은 "이 여성상을 현실의 여성으로 변하게 하고 싶다"고 강렬하게 원하게 됐다. 이 모습을 보고 있던 신 아프로디테는 피그말리온의 순수하고 갸륵한 마음에 감동을 받아 조각에게 생명을 불어넣어 줬다.

이리하여 피그말리온은 동경하던 여성과 결혼할 수 있었다. 피그말리온처럼 '마음속으로 기대를 하고 있으면 상대방이 그 기대에 부응해주는 현상'을 '**피그말리온 효과**' 라고 부른다.

● 어느 철도 역무원의 죽음(부정적 자기 기대)

"너무나도 추워서 온몸이 뻣뻣해 지는 것 같다.
차라리 그냥 잠들어 버렸으면 좋겠다.
아마도 이게 나의 마지막 말이 될 것이다."

- 미국, 고장난 냉동차 안에서 -

○ **자기상담(Self - Counselling)**

● 자기상담이란?

- 마음속으로 자기와 하는 대화
- 자기 비난적인 대화는 별로 도움이 안 됨
- 타인에게 대화할 때 조심하듯이 대화에서도 조심해야 함
- 자기와의 대화를 스스로 관찰하고 기능 장애적 요소들을 건설적으로 바꿈

【영상물 시청】

자기상담의 예

육체적인 고통도 고통이지만, 교관들이 내리는 벌이 부당하게 느껴져 반발하고 싶을 때가 많았다.

그럴 때면, 정말 다 포기해 버릴까 하는 마음이 불쑥불쑥 솟았다.

"서진규, 네겐 죽음을 선택할 수 있는 권리가 있잖아. 죽음을 각오하면 못할 게 없는 거야. 해봐. 넌 해낼 수 있어. 그리고 지금 너를 괴롭히는 교관들, 그들은 너를 훌륭한 군인으로 만들기 위한 게임을 하고 있는 거야. 그게 아니라 해도 그 사람들은 네 장래와 맞바꿀 정도로 중요한 사람들이 아니야."

차별 속에서도 희망을 잃어버린 사람들을 돕겠다던 내가 이 정도 일에 포기할 수 없었다. 나는 질 수 없었다.

- 출처 : 서진규 '가발공장에서 하버드까지' 중에서 -

○ **자기상징(Self -Symbolism)**

● 자기상징이란?

- 자기상징이란 다가올 미래의 사건을 마음속에 이미지로 그리는 활동이다.
- 미래의 결과에 대해 생각하는 방식은 일과 인생 전반에 대한 개인의 태도에 영향을 미친다.
- 의식적으로 건설적 이미지를 선택함으로써 긍정적 사고패턴의 습관을 형성할 수 있다.
- 자신이 과거에 보았던 성공적 모델을 리허설의 대상으로 삼고 기초로 한다.

자기상징의 예

지금 막 높이뛰기 세계 신기록을 깨뜨린 한 젊은 운동선수에게 스포츠 아나운서가 마이크를 내밀었다. 그 선수는 자신의 기록인 5피트 8인치를 훨씬 능가하는 7피트 1.5인치라는 놀라운 기록을 세웠다.

"점프하기 직전에 무슨 생각을 했습니까?"

아나운서가 묻자 젊은 운동선수는 기운차게 대답했다.

"네, 저는 마음속으로 상상을 했습니다. 제가 바(bar)를 향해 여유 있게 달려가 그것을 훌쩍 뛰어넘는 상상이었죠. 이런 상상이 제 마음 속에 굳어졌을 때 저는 점프를 해낼 수 있다는 것을 알았습니다."

맥스웰 멀츠 박사의 인공두뇌심리학(Psycho Cybernetics)

인공두뇌심리학(Psycho Cybernetics)은 스포츠 심리학자인 R.A. 반델박사가 연구한 논문을 토대로 성형외과 의사인 맥스웰 멀츠 박사가 인간행위 분석을 주제로 해서 발표한 심리학책으로, 멀츠 박사가 여기에서 밝혀낸 가장 중요한 사항은 인간에게 있어서 상상의 경험도 실제의 경험만큼 효과가 있다는 사실이다.

박사는 15명의 학생을 농구코트에 불러 놓고 5명에게는 1주일 동안 매일 몇 분씩 슈팅 연습을 하게 했고, 다른 5명에게는 상상으로만 연습을 하게 했으며, 나머지 5명에게는 아무런 지시도 하지 않았다.

1주일이 지난 후 테스트를 해 본 결과 실제 연습 그룹은 24%의 향상을, 상상 그룹은 23%의 향상을 보여 불과 1%의 차이를 나타냈지만, 나머지 아무 지시도 받지 않은 그룹은 전혀 향상이 없었다는 것이다.

이러한 심리이론은 최근 우리나라에서도 **양궁, 사격** 등에서 많이 이용되고 있다.

유능한 지도자는 항상 원대한 비젼을 제시하였다. 지도자는 부하들에게 성공에 대한 확신을 심어주어야 한다.
부하들은 성공을 약속하는 지도자를 신뢰하고 따르려는 것이다.
- 미국 경영학자 Auren Uris -

● 성공적인 자기상징 훈련의 단계

1. 눈을 감는다.
2. 편안하고, 집중하며, 천천히 초점을 맞춘다.
   당신 몸에서 모든 스트레스를 떨구어 낸다.
   발에서부터 …
   모든 스트레스가 없어지는 것을 느낀다 …
   가슴을 지나, 머리 꼭대기까지
   모든 스트레스가 사라지는 것을 느낀다.
   이 정신훈련에 당신의 모든 에너지를 집중하라.
   당신 마음속의 모든 산만함을 없애버려라.
3. 자신이 해결하고자 하는 정신훈련의 구체적인 상황에 초점을 맞춘다.
4. 자신에게 긍정적인 말을 한다. 이 상황에서 자신에게 확신을 주고 잘 수행할 힘을 주는 말을 자신에게 건넨다.
5. 집중하고, 편안하게 하고, 초점을 가졌는지 확신한다.
6. 이 수행하기 어려운 도전적인 상황을 성공적으로 수행하는 방법을 머리 속으로 몇 번씩 연습한다. 이때에 수동적인 관망자가 아닌 적극적인 참여자로서 자신을 바라보는 것이 중요하다.
   (예를 들어, 농구 게임 중 공을 슈팅한다고 상상한다면 스탠드에서 바라보고 있기보다는 코트에서 슈팅을 하는 자신을 생각하는 것이다.)
7. 6단계를 반복한다.
8. 눈을 뜬다. 웃으며 자신을 칭찬한다. 당신은 자신의 마음속에서 성공하였다.
   이제 실제 상황에서 이 사건을 성공적으로 수행할 것을 확신해야 한다.

- 바보들은 '항상 최선을 다했다'고 말한다. -

【실 습】 사고전환을 통해 이루고 싶은 (소대장) 모습 그리기

소대장은...............

소대장 자신이 솔선수범하여 상관에게 복종함으로써
부하들도 자신에게 복종하도록 하여야 하며
소대장 자신이 상관과 동료 및 부하들을 존경하고 신뢰함으로써
그들로부터 신뢰와 존경을 받도록 하여야 하고
항상 소대장 자신만 옳다고 주장하는 건방진 지휘자가 아니라
타인의 의견에 따라야할 때와 문제의식을 가질 때를
분간할 수 있는
판단력을 지닌 지휘자가 되어야 한다.

- 웨스트포인트 리더십 -

10년 계획 수립(일일 과제)

인 생 좌 우 명											
년 도		'21	'22	'23	'24	'25	'26	'27	'28	'29	'30
결 혼 (자 녀)											
적 금 (주택마련)											
자기 계발	**대학원** (위탁교육, 영어반 등)										
	자격증 (전산, 한자 영어 등)										
비전	군										
	가 정										

※ 1년 단위의 꿈과 목표는 별 효과가 없다. 따라서 10년이나 20년 앞의 궁극적인 목표를 세워야만 그해의 목표를 올바르게 설정하고 끊임없이 도전할 수 있다.

※ **인생바인더 제작 : 10년 계획을 세웠다면, 그 뒤에 다시 Y(Year), M(Month), W(Weekly), D(Dairy) To do list**를 각각 작성하십시오. 여러분의 밝은 미래가 보일 것입니다.

□ 행동의 전환

○ 결단과 실행

● 결　단

• 결단이란?

- 목표를 마음에 받아들이고 “성취를 위해 헌신하겠다.”는 결의
- 마음에 받아들인 비전과 목표를 향해 첫발을 내딛는 것
- 답을 찾는 수학이 아니라 답을 만들어 가는 예술

• 결단의 기능

- 목표를 실행으로 옮겨준다.
- 항해를 위한 돛과 같다.

【생각해 봅시다】

• 결단력 없는 사람의 특징

• 성공하는 사람의 공통점

● 실 행

• 실행이란?

목표 달성을 효과적으로 추진하기 위해 필요한 물적, 심적 요소들을 동원하고 조직화하여 활용하는 것을 말한다.

• 효율적 실행의 요건

● 관리방법을 항상 새롭게 하고, 과업설계와 재설계를 통한 과업 효율의 달성을 도모한다. ● 중요한 일에 대하여 사전에 필요한 예행연습을 하며 돌발 사태에 대한 비상계획을 세운다.

【실 습】 사고와 행동의 전환을 통해 이루고 싶은 여러분의 꿈을 달성하기 위해 당장 멈춰야 할 습관과 시작해야 할 행동 각각 5가지씩 작성 / 발표.

구 분	결단과 실행의 실천사항
STOP	
START	

3. 체험학습(블록 어셈블리)

❑ 개 요

- 리더의 중요성과 계획수립의 중요성 인식
- 임무수행의 효과적인 방법과 WIN-WIN 전략
- 역할 분담을 통해 팀워크 발휘와 상호신뢰 형성

❑ 실습팀 편성 / 준비물

- 학급별 4~6개 팀 편성(팀별 인원 : 8~10명)
- 준비물(팀별) : 전지 1장, 풀 1개, A4 2장, 가위 3개, 블록(1회: 3장, 2회: 3장)

❑ 진행순서

진행방법 설명(교관) ➡ 진행방법 설명 (각 팀별) ➡ 제 1회 실습 (10분) ➡ 피드백 전략수립

제 2회 실습 (10분) ➡ 팀 활동 결과 분석 ➡ 학급 토의 ➡ 교관 마무리

❑ 팀 활동 결과 분석

4. 체험학습(실내 · 외)

❑ 체험학습이란!

- 조직의 목적을 달성하기 위하여 요구되는 개인적 역량을 함양하기 위해
- 조직 활동과 관련된 간접적 환경을 조성하여
- 조직 구성원 상호간 상호작용을 통해 실천적 행동을 체험하는 훈련을 통해
- 조직 목표에 기여할 수 있는 리더를 훈련시키기 위한 수업설계 모형

❑ 실습 팀 편성 / 복장

- 학급별 2~3개팀 편성(팀별 인원 : 10~15명)
- 복 장 : 체육복, 체육모

❑ 교육내용

- 함께 엮어가는 그림
- 한마음 하나로
- 전우와 장애물 극복하기
- 도형 만들기
- 함께 윗몸일으키기
- 뭉쳐야 산다.

사 례

전투중 적의 공격을 예측하고 대비한 소대장의 적절한 결심

1952년 3월 중순 수도사단 기갑연대 수색중대는 동해안 고성 북방 어느 능선에서 방어임무를 수행하고 있었다. 제 3소대장 박 소위는 중대장으로부터 월비산 일대를 수색하고 04:30까지 귀대하라는 명령을 받았다.

박 소위는 정찰 계획을 수립하고 2개분대의 병력을 인솔 수색목표 지점인 월비산 일대를 수색, 별다른 상황이 없음을 확인하고, 마지막 코스인 월비산 좌측 '까치고지'에 도착하였다. 그곳에는 '늑골동'이라는 마을이 내려다 보였다. 박 소위는 활모양으로 휘어진 까치능선에 7~8보 간격을 두고 산개시킨 다음 전방을 관찰하였다. 희미한 시계 속에 유심히 마을을 살핀 결과 '늑골동' 어느 초가에서 뿌연 연기가 피어오르고 있었다. 치열한 진지에서 이른 새벽부터 연기가 난다는 것은 아무래도 이상하였다. '적들이 밥을 지어 먹는 것이 아닐까?', 혹은 '적들이 우리를 기만하기 위한 술책이 아닐까?'하고 여러 가지 궁리 끝에 2명의 분대장을 불러 의견을 교환했으나 별 신통한 것이 없었다.

박 소위는 분대장 강 병장과 분대원 1명에게 이곳 주위를 정찰할 것을 명했다. 이들을 보낸 후 긴장감 속에 시간이 흘렀다. 20~30분이 지났을 무렵, 강 병장이 북한군 병사 한 명을 앞세우고 돌아왔다. 강 병장의 경과보고에 의하면 피로에 지쳐 졸고 있는 보초의 목을 조르고 수건으로 입을 막은 후 손을 동여맨 체 끌고 왔다는 것이었다. 적병이 진술하기를 자기 중대는 이 마을에서 식사를 하고 나서 몸을 녹이고 있다는 것이었다. 이 말을 들은 박 소위는 잠시도 지체할 수가 없었다. '속히 귀대하여 이 사실을 보고할 것인가?' 아니면 '증원을 요청할 것인가?'

그러나 시간이 없었다.

비록 우리 수색대가 수적으로 열세하지만 박 소위는 전 대원에게 사격구역을 할당하고 날이 더 밝기를 기다렸다. 전방이 뚜렷해지자 박 소위는 사격명령을 내렸다. 전 대원은 일제히 사격을 퍼부었다. 기습공격에 놀란 적병들은 집에서 뛰쳐나와 허둥지둥했다. 수색 대원은 사격권내에 들어온 적을 사살하기에 바빴다.

그러나 적들도 약 1개 소대로 추산되는 병력이 월비산 좌측 능선을 타고 아군의 후미로 우회하여 공격을 가해오고 있었다. 수적으로 열세한 아군을 포위하려는 속셈이었다. 그러나 별안간 우회하는 적의 후면에서 총성이 들려오자 적은 의외의 사격에 놀라 마침내 분산 도주하는 것이었다. 후면에서의 공격은 박소위의 보고를 받은 중대장이 1개 소대의 증원병을 이끌고 그들의 후면을 후려쳤던 것이다. 이렇게 하여 아군을 포위하려 하던 적이 오히려 아군에게 역 포위 되어 혼비백산하여 도주하였으며 아군은 17명의 적을 생포하는 대 성과를 거둘 수 있었던 것이다.

과제 8

상담기법

- 상담이론
- 상담기술
- 문제유형별 상담사례 연구

이번 과제를 통하여

- 상담이론 이해
- 상담기술 이해
- 문제유형별 상담사례 연구

별도 교육내용 참조

MEMO

제3장

전장 리더십

과제 9 임무형 지휘
과제 10 전투의 특성과 전장심리 극복
과제 11 나의 각오/다짐

❑ 학습 목표

전장 리더십 발휘 능력 구비

❑ 학습 중점

- ○ 임무형 지휘 개념과 수행기반 이해
- ○ 전투의 특성 이해와 전장심리 극복방안 숙지

❑ 학습 진행 절차

구 분		시 간	방 법
계			
9. 임무형 지휘	임무형 지휘 개념		강의, 발표/토의, 실습
	임무형 지휘 수행기반		
	체험학습(전투력을 극대화 하라)		
10. 전투의 특성과 전장심리 극복	전투의 특성과 전장심리		강의, 발표/토의
	바람직한 전장 리더십		
11. 나의 각오/다짐	나의 각오 발표 및 신념화		강의, 발표/토의, 실습

과제 9

임무형 지휘

- 지휘 유형 및 개념
- 임무형 지휘 수행기반
- 체험학습(전투력을 극대화하라)

이번 과제를 통하여

- 임무형 지휘의 개념 이해
- 임무형 지휘 수행 기반 숙지
- 체험학습을 통한 임무형 지휘 체득

1. 지휘 유형 및 개념

【영상물 시청】

시청 후 느낀 점은?

❑ 임무형 지휘란?

- 시시각각(時時刻刻)으로 변화하는 현장 상황에 (   )하고 (   )적으로 대처하기 위해, 부하가 지휘관 의도에 기초하여 주도적으로 임무를 수행 하는 지휘 유형.
  - 지휘관 : 부하에게 임무와 자신의 의도를 명확히 제시하고 임무수행에 필요한 자원 및 수단을 제공
  - 부 하 : 임무를 수행하는 과정에서 임무와 지휘관 의도를 기초로 자율적 · 창의적 · 적극적으로 임무를 수행해야 함.
- 예하부대의 융통성이 보장되고 분권화된 지휘경향
- 권한과 정보와 자원이 분권화 되고 신속한 흐름이 가능한 유기적 조직에 적합

❑ 임무형 지휘가 필요한 이유

- 현장 지휘관의 신속한 상황대처 / 융통성 필수적
- 전장의 지배적 요소인 지식/정보의 창출, 활용 보장
- 부하의 자발적이고 적극적인 노력 유도
- 지휘역량 계발, 임무형 지휘 훈련/여건 조성

❑ 통제형 지휘와 임무형 지휘

통제형 지휘	구 분	임무형 지휘
	전쟁양상의 가정	
	지휘 경향	
	의사소통	
	조직구조	
	리더십 유형	
	적합한 영역	

※ 현장상황에 적합한 지휘 방법 사용

메 모

2. 임무형 지휘 수행기반

❑ 임무형 지휘 수행기반

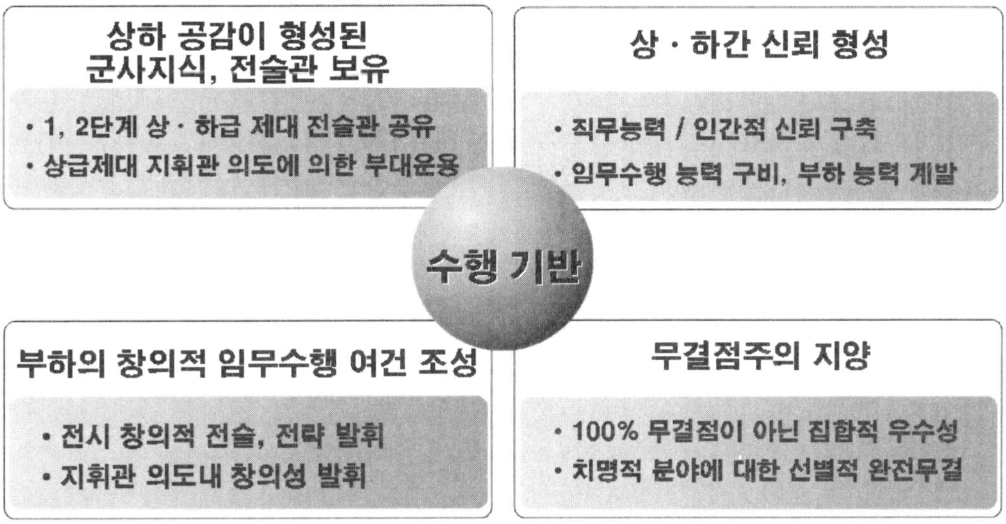

【토의해 봅시다】

임무수행 과정에 완전무결하게 조치해야 할 것은 무엇입니까?
(작전/교육훈련, 병력관리, 장비/물자 관리면)

【토의해 봅시다】

임무형 지휘를 정착시키기 위해 내가 해야 할 일은?

**장병 각자의 왕성한 책임감과 진심어린 협력은 필승의 요인이며,
이는 상관과 부하, 지휘관과 예하부대 간의
상호신뢰를 바탕으로 이루어진다.**

- 몽고메리 -

3. 체험학습(전투력을 극대화하라)

❑ 개 요

- 리더의 역할과 집단 의사결정의 중요성 이해
- 정보획득과 의사소통의 중요성
- 통제형 지휘와 임무형 지휘의 장 · 단점 체험

❑ 실습팀 편성 / 준비물

- 학급별 4개팀 편성
- 준비물(팀별) : 전략카드 1조, 전투력 현황판 1개

❑ 진행순서

전략수립 ➡ 1회 실습 ➡ 결과분석/전략수립 ➡ 2회 실습

팀활동 결과분석 ➡ 학급토의 ➡ 교관마무리

❑ 실습 규칙

- 4가지 형태의 카드는 각각 1~13번까지의 종류로 구분됨
- 총 10회에 걸쳐 게임 진행 후 획득된 점수에 따라 우승팀 결정
  ※ 총 점수 = 10회간 획득 점수+미사용 카드(3장)의 점수 합
- 매 회당 팀 토의 후 1개의 카드를 결정하여 제출
- 제출된 카드 중 제일 큰 숫자를 제시한 팀이 모든 팀의 점수 획득
- 큰 숫자가 2팀 이상에서 동일하게 제시할 경우 진행자가 전체카드 / 점수 몰수
- 찬스는 3회 사용 가능
  - 찬스를 사용할 팀의 전령은 2장의 카드 지참
  - 전령이 현장에서 카드 교체가능(지참한 카드에 한해서)
    * A, B팀 : 조장이 지시한 회차에만 찬스 사용 가능
    * C, D팀 : 전령이 판단하여 어느 회차에서도 사용 가능(매회 카드 2장 지참)
- 1차 실습 후 A · B / C · D 팀 임무교대 하여 2차 실습 동일방법 적용

MEMO

과제 10

전투의 특성과 전장심리 극복

- 전투의 특성과 전장심리
- 바람직한 전장 리더십

이번 과제를 통하여

- 전투의 특성과 전장심리 극복 방법 이해
- 바람직한 전장 리더십 인식

1. 전투의 특성과 전장심리

【영상물 시청】

【생각해 봅시다】

영상물을 통해 알 수 있는 전투의 특성과 인간은 어떤 심리현상을 보일까?

【토의해 봅시다】

공포, 공황, 유언비어는 무엇이며 극복대책은?

2. 바람직한 전장 리더십

【영상물 시청】

【토의해 봅시다】

영상물과 연계하여 전투에서 승리하기 위한 바람직한 리더의 모습은?

MEMO

MEMO

과제 11

나의 각오/다짐

■ 나의 각오/다짐

이번 과제를 통하여

- 나의 각오 발표 및 신념화

1. 나의 각오 작성

❑ 자기 사명서의 의미

- ❍ 인생의 의미와 목적에 대한 자신의 견해를 나타내고 있는 문서
- ❍ 의사를 결정하고 행동을 선택하는데 있어서 지침이 되는 개인 헌법적 역할

❑ 사명서(使命書) : 생명(生命)을 사용(使用)하는 지침서

해상뗏목(사명없음)	모터보트(사명있음)
· 해류에 의존 · 목적지가 없음 · 불안감 · 의존적	· 자체동력이 있음 · 목적지가 분명함 · 안정적 · 독립적

❑ 사명서의 종류

- ❍ 자기 사명서(Personal Mission Statement)
- ❍ 가족 사명서(Family Mission Statement)
- ❍ 부대 사명서(Unit Mission Statement)

❑ 사명서의 효과

- ❍ 나의 삶에 대해 깊이 생각해 보게 한다.
- ❍ 나의 내면 깊숙한 곳에 있는 생각과 감정을 살펴볼 수 있도록 한다.
- ❍ 나에게 정말 중요한 것이 무엇인지를 분명하게 한다.
- ❍ 나의 시각을 확대시켜 준다.
- ❍ 나의 가치관이나 목적을 마음속에 확실하게 각인 시켜 준다.
- ❍ 가치관에 따른 방향을 제시해 주고, 스스로에게 약속하게 한다.
- ❍ 장기적인 목표달성을 위해, 날마다 진전이 이루어지게 한다.
- ❍ 인생에서 진정 원하는 것들을 마음속에 계속 그리면서 살게 한다.

【실 습】 인간중심의 리더십을 구현하기 위해 소대장으로서의 각오와 다짐의 글을 작성하여 발표해 봅시다.(예문 참조)

사명서 작성 (예문)

나의 사명은 바르게 살아가려는 내 가족과
내 부대와 내 부하와 그리고 모든 이웃들과 온정을
나누며 성실과 사랑을 바탕으로 인간중심의 리더십을 실천하겠다.

나 : 늘 꾸준히 노력한다. 매일 아침 5시에 나만의 시간을 즐긴다.
책을 많이 읽고, 공부하며 배우는 일에 힘쓰고 스트레스는 운동으로
해결하며 언제 어디서나 필요하고 도움이 되는 사람이 되도록 최선을 다한다.
나에게는 엄격함으로 타인에게는 감동으로 대하며 재미있고 멋있게 산다.

가장 : 월 1회 가족 캠프를 간다. 월 1회 문화행사 가정의 정신적 안정을 위해
최선을 다한다. 가족이 함께 할 수 있는 취미활동을 하며
가정을 행복하고 즐겁게 만드는 주체가 된다.

남편 : 어깨를 주물러 주는 남편, 아내에게 항상 감사함을 표현한다.
사랑과 믿음을 늘 행동으로 표현하며 인생 길에 다정한 친구가 된다.
월 1회 둘만의 시간을 갖고 아내의 행복을 위해 정성을 다하겠다.

아빠 : 애인 같은 아빠, 감동을 주는 아빠, 아들과 딸에게서 배우는 아빠,
자랑스러운 아빠, 올바른 생각과 감사하는 마음으로 목표 있는
행동을 하고 아이들이 가치 있는 인생을 살아가도록 돕겠다.

군인 : 인간중심의 리더십을 나의 향기로 전달한다. 상·하·동료 간의
인간 관계를 위해 정성과 사랑을 다한다. 자기계발을 위해 부단히
탐구하고 노력한다. 군인의 길이 후회 없는 멋진 삶이 되도록 최선을 다한다.

가족구성원 : 부모님에게 항상 효도하는 마음으로 월 1회 양가 부모님과 식사하며
부모님과 형제·자매에게 진실한 사랑을 나누고 주 2회 안부 전화한다.

2021. . . **홍 길 동** (서명)

2. 동반적 리더의 각오발표

【발 표】 동반적 리더로서의 각오를 다짐하고 결의하는 시간을 갖도록 합시다.

- **나의 성공(자기 기대)**

  우리들이 마음속에 그린 것을 생생하게 상상하고 간절히 바라며

  깊이 믿고 열의를 다해 행동하면 그것이 무슨 일이든 반드시 현실로 이루어진다.

- **각오 / 결의**

  나 ___________는 실천계획을 참가자들 앞에 엄숙히 서약하며

  어떠한 경우에도 이를 적극 실천하고 생활화 할 것을 다짐합니다.

2021년　　월　　일

계 급 :　　　　**성 명 :**　　　　　　**서명**

MEMO

MEMO

MEMO

MEMO

저자소개

정태일

- 동주대학교 부사관과 학과장
- 창원문성대학 국방물자과 초빙교수
- 영남대학교 환경대학원 도시 및 지역계획 전공
- 육군 3사관학교 졸업(육군 소령 전역)
- 육군 대학교 졸업

저서, 논문

- 다목적댐 건설에 따른 집단이주단지 주민의 지역 정착과정에 관한 연구
- 국방 무기체계학
- 국방 보급관리학
- 국방장비 정비관리학
- 부사관 역할과 리더십 외 다수